Probabilidade e estatística

Aline Purcote Quinsler

Probabilidade e estatística

Rua Clara Vendramin, 58 . Mossunguê
CEP 81200-170 . Curitiba . PR . Brasil
Fone: (41) 2106-4170
www.intersaberes.com
editora@intersaberes.com

Conselho editorial
Dr. Alexandre Coutinho Pagliarini
Drª. Elena Godoy
Dr. Neri dos Santos
Dr. Ulf Gregor Baranow

Editora-chefe
Lindsay Azambuja

Gerente editorial
Ariadne Nunes Wenger

Assistente editorial
Daniela Viroli Pereira Pinto

Edição de texto
Gustavo Ayres Scheffer
Palavra do Editor
Larissa Carolina de Andrade

Capa
Débora Gipiela (*design*)
Enyeng99/Shutterstock (imagem)

Projeto gráfico
Bruno Palma e Silva
Sílvio Gabriel Spannenberg (adaptação)

Diagramação
Muse Design

Equipe de design
Débora Gipiela
Luana Machado Amaro

Iconografia
Sandra Lopis da Silveira
Regina Claudia Cruz Prestes

1ª edição, 2022.
Foi feito depósito legal.

Informamos que é de inteira responsabilidade da autora a emissão de conceitos.
Nenhuma parte desta publicação poderá ser reproduzida por qualquer meio ou forma sem a prévia autorização da Editora InterSaberes. A violação dos direitos autorais é crime estabelecido na Lei n. 9.610/1998 e punido pelo art. 184 do Código Penal.

Dados Internacionais de Catalogação na Publicação (CIP)
(Câmara Brasileira do Livro, SP, Brasil)

Quinsler, Aline Purcote
  Probabilidade e estatística/Aline Purcote Quinsler. Curitiba: InterSaberes, 2022.
  Bibliografia.
  ISBN 978-65-5517-307-9

  1. Estatística matemática 2. Probabilidades I. Título.

21-90202   CDD-519.5

Índices para catálogo sistemático:
1. Probabilidades e estatística: Matemática 519.5
Cibele Maria Dias – Bibliotecária – CRB-8/9427

sumário

apresentação 13
como aproveitar ao máximo este livro 15

capítulo 1
Introdução à estatística 21

Elementos da estatística 22
Fases do método estatístico 23
Variáveis 24
Distribuição de frequência 26
Distribuição de frequência por classe 32
Tabelas e gráficos 39

capítulo 2
Medidas de posição 53

Medidas de posição 53
Separatrizes 75

capítulo 3
Medidas de dispersão 89
Medidas de dispersão 89

capítulo 4
Medidas de assimetria e curtose 115
Medidas de assimetria 115
Medidas de curtose 120

capítulo 5
Probabilidade 133
Probabilidade 133
Cálculo da probabilidade 139
Evento exclusivo 143
Evento não exclusivo 146
Probabilidade condicional 149
Regra da multiplicação 151
Teorema de Bayes 154

capítulo 6
Distribuições de probabilidade discretas 161
Distribuições teóricas de probabilidade 161
Distribuição binomial 162
Distribuição de Poisson 166

capítulo 7
Distribuição de probabilidade contínua 175
Distribuição normal 175
Aplicações da distribuição normal 179

capítulo 8
Inferência estatística: intervalo de confiança 193
Estimação 193
Intervalo de confiança 195
Tamanho da amostra 199
Intervalo de confiança para a proporção 201

capítulo 9
Inferência estatística: testes de hipóteses 211
Teste de hipótese 211

capítulo 10
Correlação e regressão 223
Correlação 223
Coeficiente de correlação de Pearson 227
Regressão 230

considerações finais 243
referências 245
respostas 247
sobre a autora 261

Dedico este livro a meu esposo, Narcelis, e a todos aqueles que, de alguma forma, contribuíram para a realização desta obra.

Primeiramente, agradeço a Deus, por me permitir estudar e transmitir conhecimentos a todos que desejam aprender e crescer a cada dia. Agradeço a meus pais e minha irmã, os quais sempre me incentivaram a estudar e seguir minha trajetória. Em especial, agradeço a meu esposo, que está sempre ao meu lado me incentivando e contribuindo para a realização desta obra.

apresentação

Todos os dias nos deparamos com uma quantidade enorme de dados que precisam ser analisados e interpretados e, assim, a estatística surge como uma ferramenta que auxilia na procura por respostas para problemas cotidianos, ajudando nos processos decisórios. Saber utilizar os dados disponíveis é de fundamental importância em todas as áreas, tanto em nosso cotidiano como no desenvolvimento de novas tecnologias. Logo, é necessário ter uma visão dos conteúdos de probabilidade e estatística voltados para os dados e as técnicas de avaliação, adequação e uso.

Este livro está estruturado em capítulos que permitem uma melhor compreensão dos conceitos básicos de estatística, da análise de dados e da probabilidade, além da análise da inferência e das técnicas de correlação e regressão linear.

No Capítulo 1, são apresentados os elementos da estatística, as fases do método estatístico, os tipos de variáveis e a distribuição de frequência, bem como os elementos utilizados em uma apresentação de dados.

Nos Capítulos 2 e 3, são enfocadas as principais medidas de posição e dispersão, além de aplicações envolvendo as principais medidas.

No Capítulo 4, são apresentadas as medidas de assimetria e curtose, suas aplicações e os cálculos associados.

Nos Capítulos 5, 6 e 7, são detalhados os principais conceitos relativos à probabilidade, destacando-se os respectivos cálculos, assim como as distribuições de probabilidade discretas e contínuas.

Nos Capítulos 8 e 9, o estudo é voltado para a inferência estatística, com foco nos principais conceitos referentes a intervalo de confiança e teste de hipótese.

Para finalizar, no Capítulo 10, são abordados os cálculos concernentes à correlação e à regressão.

Boa leitura!

como aproveitar ao máximo este livro

Empregamos nesta obra recursos que visam enriquecer seu aprendizado, facilitar a compreensão dos conteúdos e tornar a leitura mais dinâmica. Conheça a seguir cada uma dessas ferramentas e saiba como estão distribuídas no decorrer deste livro para bem aproveitá-las.

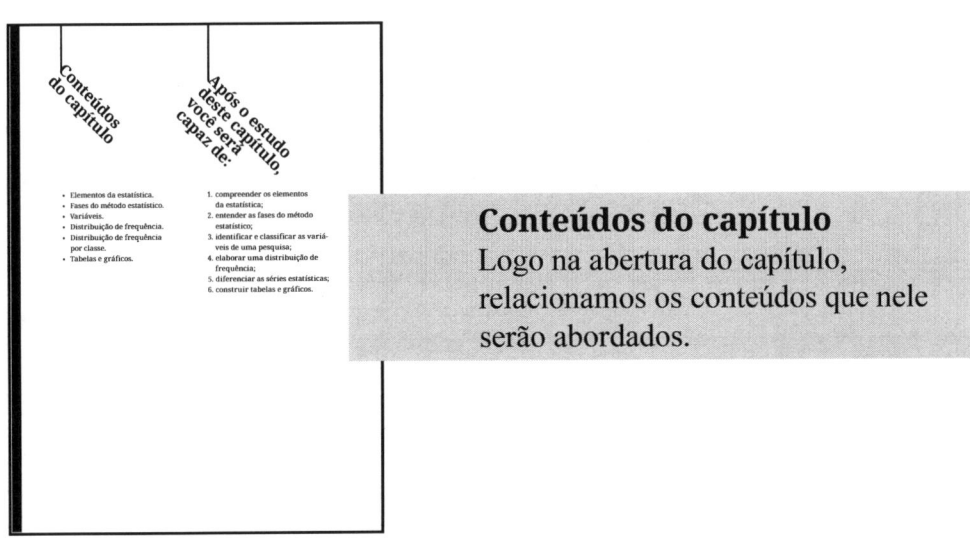

Conteúdos do capítulo
Logo na abertura do capítulo, relacionamos os conteúdos que nele serão abordados.

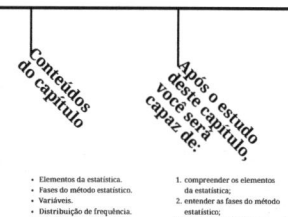

Após o estudo deste capítulo, você será capaz de:
Antes de iniciarmos nossa abordagem, listamos as habilidades trabalhadas no capítulo e os conhecimentos que você assimilará no decorrer do texto.

Introdução do capítulo
Logo na abertura do capítulo, informamos os temas de estudo e os objetivos de aprendizagem que serão nele abrangidos, fazendo considerações preliminares sobre as temáticas em foco.

O que é
Nesta seção, destacamos definições e conceitos elementares para a compreensão dos tópicos do capítulo.

Exemplificando
Disponibilizamos, nesta seção, exemplos para ilustrar conceitos e operações descritos ao longo do capítulo a fim de demonstrar como as noções de análise podem ser aplicadas.

Exercícios resolvidos
Nesta seção, você acompanhará passo a passo a resolução de alguns problemas complexos que envolvem os assuntos trabalhados no capítulo.

Síntese
Ao final de cada capítulo, relacionamos as principais informações nele abordadas a fim de que você avalie as conclusões a que chegou, confirmando-as ou redefinindo-as.

Questões para revisão
Ao realizar estas atividades, você poderá rever os principais conceitos analisados. Ao final do livro, disponibilizamos as respostas às questões para a verificação de sua aprendizagem.

Questões para reflexão
Ao propor estas questões, pretendemos estimular sua reflexão crítica sobre temas que ampliam a discussão dos conteúdos tratados no capítulo, contemplando ideias e experiências que podem ser compartilhadas com seus pares.

Para saber mais
Sugerimos a leitura de diferentes conteúdos digitais e impressos para que você aprofunde sua aprendizagem e siga buscando conhecimento.

capítulo 1

Conteúdos do capítulo

- Elementos da estatística.
- Fases do método estatístico.
- Variáveis.
- Distribuição de frequência.
- Distribuição de frequência por classe.
- Tabelas e gráficos.

Após o estudo deste capítulo, você será capaz de:

1. compreender os elementos da estatística;
2. entender as fases do método estatístico;
3. identificar e classificar as variáveis de uma pesquisa;
4. elaborar uma distribuição de frequência;
5. diferenciar as séries estatísticas;
6. construir tabelas e gráficos.

Introdução à estatística

Toda ciência que utiliza dados experimentais necessita da estatística como método de análise para que o pesquisador chegue a conclusões que tenham validade científica. A estatística tem uma vasta aplicação nas engenharias e é extremamente importante para qualquer engenheiro, pois auxilia no planejamento de novos produtos e sistemas e na melhoria de projetos e processos, além de ajudar a entender a variabilidade.

Como afirma Martins (2010), somos expostos a uma quantidade de informações numéricas e, dependendo das situações, ora somos consumidores dessas informações, ora precisamos produzi-las. Diante disso, precisamos de conhecimentos e capacitação para compreendermos informações numéricas produzidas por outros, bem como para nos habilitarmos para construí-las. Os procedimentos, as técnicas e os métodos estatísticos são fundamentais para a execução dessas tarefas.

1.1 Elementos da estatística

A estatística está presente em nosso dia a dia e, por muitas vezes, recorremos a ela para tomar decisões mais assertivas. Mas o que é estatística e onde podemos utilizá-la?

Podemos pensar a estatística como a ciência da aprendizagem baseada em dados, a qual fornece métodos para a coleta, a organização, a análise, a interpretação e a apresentação de dados. Dessa forma, entendemos a estatística como meio entre os dados e a geração das informações, que permite uma melhor compreensão das situações.

A estatística divide-se em duas áreas: estatística descritiva e estatística indutiva. A **estatística descritiva** se preocupa em organizar e descrever um conjunto de observações, sendo encontrada com frequência em jornais, relatórios e demonstrativos, pois utiliza dados para descrever os fatos, simplificando informações. De acordo com Castanheira (2010, p. 16), a estatística descritiva "é um número que, sozinho, descreve uma característica de um conjunto de dados, ou seja, é um número-resumo que possibilita reduzir os dados a proporções mais facilmente interpretáveis".

Ainda de acordo com os estudos de Castanheira (2010), a **estatística indutiva** (ou inferência estatística) baseia-se em resultados obtidos da análise de uma amostra da população para inferir, induzir ou estimar as leis de comportamento da população da qual essa amostra foi retirada.

> **O QUE É**
> A **população**, utilizada na estatística indutiva, é um conjunto de dados que têm certa característica comum; já a **amostra** é uma pequena parte da população. Martins (2010) define a população ou universo como a totalidade de itens, objetos ou pessoas sob consideração e a amostra como uma parte da população que é selecionada para análise.

Por exemplo, em uma pesquisa eleitoral, a população é formada por todos os eleitores, e a amostra pode ser um grupo de eleitores de determinada região, cidade ou bairro. Ao se realizar a pesquisa eleitoral, o resultado da amostra é inferido para toda a população. Assim, se estão sendo considerados dois candidatos e o candidato A é favorito na amostra, conclui-se que ele é favorito para toda a população.

Outro exemplo da utilização da estatística indutiva é o controle de qualidade realizado nas empresas. Vamos considerar a produção de parafusos de uma máquina cujas especificações são um comprimento de 5 cm com uma variação de 0,02 cm. Um conjunto de 36 parafusos fabricados foi retirado da produção para análise de qualidade; logo, a população são todos os parafusos produzidos, e a amostra são os 36 parafusos selecionados.

Podemos afirmar que todos os parafusos produzidos estão dentro das especificações? Para respondermos a essa pergunta, utilizamos os métodos de inferência estatística, analisando a amostra e inferindo o resultado para toda a população, ou seja, analisamos a amostra e, caso esteja dentro da especificação, dizemos que toda a produção atende à especificação.

Quando utilizamos a estatística indutiva, temos uma margem de incerteza associada, o que ocorre pelo processo de generalização. Analisamos uma amostra, e as características obtidas na amostra são inferidas para toda a população. Porém, como não analisamos toda a população, surge a margem de erro, a qual está associada ao tamanho da amostra estudada.

As estatísticas descritiva e indutiva podem ser aplicadas conjuntamente. Por exemplo, podemos retirar uma amostra de uma população e, com base nessa amostra, realizar um estudo por meio do cálculo de medidas, gráficos e tabelas. Depois disso, generalizamos o resultado da amostra para toda a população.

1.2
Fases do método estatístico

De acordo com Castanheira (2010), quando pretendemos fazer um estudo estatístico em determinada população ou amostra, o trabalho deve passar por várias fases, as quais são desenvolvidas até chegarmos aos resultados finais que procurávamos. Para realizarmos um estudo estatístico e tratar dados numéricos, utilizamos o método estatístico, o qual fornece conclusões que servirão de base para a tomada de decisão.

O método estatístico é dividido nas seguintes fases:

I. **Definição do problema**: definir com clareza o que pretendemos pesquisar, o objetivo de estudo que desejamos alcançar.

II. **Delimitação do problema**: responder às seguintes perguntas: Onde será realizada a pesquisa? Com que tipo de pessoas? Em quais dias e horários?

III. **Planejamento**: Como resolver o problema? Quais dados serão necessários? Como obtê-los? Será empregado algum questionário? Haverá amostragem? Qual será o tamanho da amostra? Qual será o cronograma das atividades? Quanto se gastará para realizar a pesquisa?

IV. **Coleta dos dados**: colocar em prática o que foi planejado; obtenção dos dados (fase operacional).

V. **Apuração dos dados**: criticar os dados coletados, excluindo os dados incompletos ou com erros. É realizado um resumo dos dados por meio de uma contagem, de uma separação por tipo de resposta e de um agrupamento de dados semelhantes. Nessa fase, é feita a tabulação de dados.

VI. **Apresentação dos dados**: representar os dados em tabelas e/ou gráficos.

VII. **Análise dos dados**: fazer o cálculo de medidas para descrever o fenômeno analisado.

VIII. **Interpretação dos dados**: encontrar as conclusões para o problema.

1.3
Variáveis

Na descrição ou análise de um conjunto de dados, dependemos de uma variável, que pode assumir diferentes valores numéricos ou não numéricos. Essas variáveis podem ser classificadas em qualitativas ou quantitativas.

As **variáveis qualitativas** estão associadas a uma característica que denota qualidade ou atributo, uma característica não numérica. Por exemplo:

- cor dos olhos: castanhos, verdes etc.;
- desempenho de funcionários: ótimo, bom, ruim;
- qualidade dos produtos: defeituoso, perfeito;
- grau de instrução;
- estado civil.

Quando as variáveis qualitativas apresentam ordenação natural com intensidades crescentes de realização, elas são chamadas de **qualitativas ordinais**. Exemplos:
- classe social: baixa, média ou alta;
- grau de instrução: ensino fundamental, ensino médio, ensino superior, pós-graduação.

As variáveis que não apresentam ordem natural entre seus valores são classificadas como **qualitativas nominais**. Exemplos:
- sexo: masculino ou feminino;
- cor dos olhos: castanhos, verdes etc.

As variáveis associadas a valores numéricos que representam contagens ou medidas são chamadas de **variáveis quantitativas**. Por exemplo:
- altura;
- peso;
- idade;
- número de filhos;
- número de carros.

As variáveis quantitativas são classificadas como **discretas** quando tratam de contagem e de números inteiros. Exemplos:
- número de filhos;
- número de peças produzidas por uma máquina;
- número de defeitos encontrados em determinado produto;
- número de carros (0, 1, 2, ...).

Quando as variáveis quantitativas se referem a medidas, são denominadas **contínuas**, ou seja, estão associadas às medições. Exemplos:
- altura (1,50 m; 1,60 m; 1,75 m;...);
- peso;

- comprimento dos parafusos fabricados por certa máquina;
- resistência à ruptura de cabos produzidos.

Considerando as definições vistas anteriormente, temos a classificação indicada na Figura 1.1, a seguir.

Figura 1.1 – Classificação das variáveis

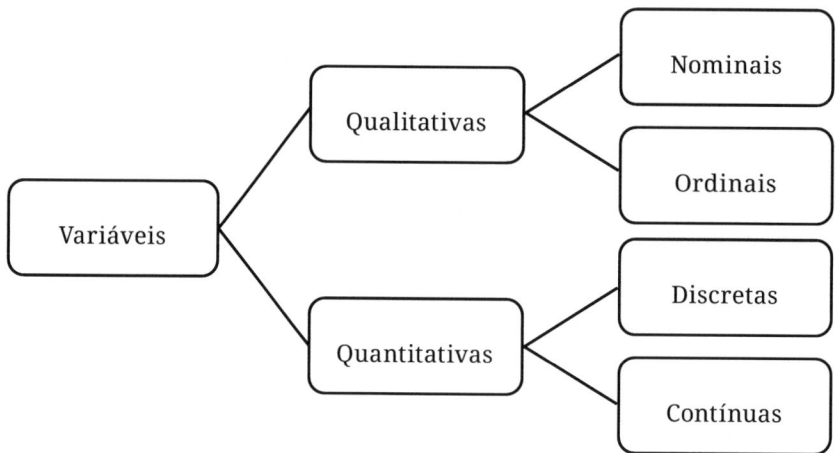

Com base nas variáveis e dados obtidos em uma pesquisa, podemos gerar informações, conforme veremos na próxima seção.

1.4 Distribuição de frequência

Já verificamos que o método estatístico é composto de várias fases, sendo a coleta e a apuração dos dados duas de suas etapas. Após a fase de coleta dos dados, obtemos os dados originais, também chamados de *dados brutos*, os quais precisam ser organizados para a realização das análises, pois foram transcritos aleatoriamente, fora de qualquer ordem. Um conjunto de observações de certo fenômeno não organizado fornece poucas informações de interesse do pesquisador e, por isso, é necessário organizá-lo para assim gerar informações úteis e conclusões mais assertivas.

Vamos considerar que foi realizada uma avaliação em uma máquina em relação à quantidade de peças produzidas com defeito, sendo coletadas 20 amostras diferentes de 100 peças. Na primeira amostra, foram inspecionadas as 100 peças e foram separadas

14 delas, com defeito; na segunda amostra, foram separadas 15 peças com defeito das 100 analisadas, e assim sucessivamente até a última amostra, obtendo-se os seguintes resultados:

14 15 16 17 18 19 14 15 16 17 14 15 16 14 15 16 15 16 15 15

Os resultados obtidos representam os dados brutos que podemos organizar em ordem numérica, crescente ou decrescente. Chamamos essa organização de ***rol***.

Considerando os dados vistos anteriormente e colocando-os em ordem crescente, chegamos então ao seguinte rol:

14 14 14 14 15 15 15 15 15 15 15 16 16 16 16 16 17 17 18 19

O rol é nossa primeira organização, mas podemos melhorar isso ainda mais, agrupando os valores e indicando sua frequência.

> **O QUE É**
> **Frequência** ou **frequência absoluta** (f) é o número de vezes que um mesmo número se repete.

Nos dados indicados anteriormente, temos o número 14, que se repete 4 vezes. Isso significa que esse número de defeitos apresenta frequência igual a 4, ou seja, em 4 amostras foram encontrados 14 peças com defeito. Aplicamos o mesmo processo para as demais amostras analisadas na pesquisa.

Para facilitar ainda mais a interpretação, a frequência pode ser organizada em uma tabela chamada de ***distribuição de frequência***.

> **O QUE É**
> **Distribuição de frequência** é a apresentação dos resultados de uma pesquisa por meio de uma tabela que mostra a frequência de ocorrência de cada resultado.

Voltando ao exemplo relativo à quantidade de peças com defeito produzidas por certa máquina, vamos organizar os dados e as frequências na tabela de distribuição de frequência. Essa tabela contém duas colunas: a primeira com os dados apresentados na pesquisa e a segunda com a frequência com que cada dado aparece.

Em nossa pesquisa, os dados se referem à quantidade de peças com defeito encontradas em cada amostra coletada. Temos, dessa forma, a Tabela 1.1.

Tabela 1.1 – Distribuição de frequência das peças com defeito

Peças com defeito	f
14	4
15	7
16	5
17	2
18	1
19	1

Analisando a Tabela 1.1, notamos que 4 amostras analisadas apresentaram 14 peças com defeito, 7 amostras apresentaram 15 peças com defeito, 5 amostras apresentaram 16 peças com defeito, 2 amostras apresentaram 17 peças com defeito, 1 amostra apresentou 18 peças com defeito e 1 amostra apresentou 19 peças com defeito, totalizando as 20 amostras analisadas.

Além da frequência simples, podemos calcular as frequências acumulada e relativa. A **frequência absoluta acumulada** – ou apenas **frequência acumulada** (f_a) – é o somatório das frequências. Para calculá-la, repetimos o primeiro valor e o somamos com o próximo, até a última frequência.

Vamos verificar na Tabela 1.2, a seguir, o cálculo da frequência acumulada.

Tabela 1.2 – Frequência acumulada das peças com defeito

Defeitos	f	f_a
14	4	4
15	7	11
16	5	6
17	2	18
18	1	19
19	1	20

Observe que o valor final encontrado na frequência acumulada sempre é igual à quantidade de dados que temos na pesquisa. Se contarmos a quantidade de valores fornecidos no dado bruto, veremos que são 20 dados, exatamente o valor final que encontramos.

Por sua vez, a **frequência relativa** (f_r) de uma variável é a divisão entre a frequência absoluta (f) e o número de elementos (N) da amostra. Portanto:

$$f_r = \frac{f}{N}$$

em que:

$N = \sum f$, ou seja, N é igual à soma das frequências.

Podemos representar a frequência relativa na forma de porcentagem, de modo a facilitar a interpretação e gerar informações importantes para a análise dos dados. Assim, depois de encontrarmos o valor de f_r, podemos multiplicar o resultado por 100 para representar a frequência relativa em porcentagem.

No exemplo, temos N = 20. Assim, calculamos a frequência relativa dividindo cada frequência por 20 e, depois, multiplicando o valor por 100, para encontrarmos o resultado em porcentagem. Se somarmos as porcentagens encontradas, o valor final será sempre 100%.

Tabela 1.3 – Frequência relativa das peças com defeito

Defeitos	f	f_r
14	4	4/20 = 0,20 · 100 = 20%
15	7	7/20 = 0,35 · 100 = 35%
16	5	5/20 = 0,25 · 100 = 25%
17	2	2/20 = 0,10 · 100 = 10%
18	1	1/20 = 0,05 · 100 = 5%
19	1	1/20 = 0,05 · 100 = 5%
Total	**20**	**100%**

Exemplificando

Com base nas tabelas com as frequências acumulada e relativa, podemos realizar várias análises. Por exemplo, podemos questionar:

- Quantas amostras apresentaram quantidade de defeitos menor ou igual a 16?

Para respondermos a essa pergunta, analisamos a tabela da f_a. Se quisermos encontrar quantidade de defeitos menor ou igual a 16, isso significa que podemos ter quantidade de defeitos de 14, 15 e 16. Verificando a frequência acumulada, vemos que há um total de 16 amostras (4 + 7 + 5 = 16), conforme demonstrado na Tabela 1.4.

Tabela 1.4 – Frequência acumulada das peças com defeito

Defeitos	f	f_a
14	4	4
15	7	11
16	5	16
17	2	18
18	1	19
19	1	20

- Qual é a porcentagem de amostras que apresentaram quantidade de defeitos menor ou igual a 16?

Como a pergunta solicita porcentagem, vamos utilizar a coluna de frequência relativa. Se queremos obter a porcentagem da quantidade de defeitos menor ou igual a 16, isso significa que podemos ter 14, 15 e 16. Somando a frequência relativa, temos um total de 80% (20% + 35% + 25% = 80%), ou seja, 80% das amostras apresentaram quantidade de defeitos menor ou igual a 16, como indica a Tabela 1.5.

Tabela 1.5 – Frequência relativa das peças com defeito

Defeitos	f	f_r
14	4	20%
15	7	35%
16	5	25%
17	2	10%
18	1	5%
19	1	5%

- Qual é a quantidade de defeitos que aparece com maior porcentagem?

Utilizamos, novamente, a frequência relativa, pois foi solicitada a porcentagem de defeitos que aparece com maior frequência. Para encontrarmos o resultado, verificamos qual é a quantidade de defeitos que apresenta maior porcentagem. No caso em questão, é 15, o que representa 35% das amostras, como demonstra a Tabela 1.6.

Tabela 1.6 – Frequência relativa das peças com defeito

Defeitos	f	f_r
14	4	4/20 = 0,20 · 100 = 20%
15	7	7/20 = 0,35 · 100 = 35%
16	5	5/20 = 0,25 · 100 = 25%
17	2	2/20 = 0,10 · 100 = 10%
18	1	1/20 = 0,05 · 100 = 5%
19	1	1/20 = 0,05 · 100 = 5%
		100%

A apresentação de dados por meio de distribuição de frequência auxilia na geração de informações. Dessa forma, podemos utilizá-la nas diferentes pesquisas realizadas com dados quantitativos ou qualitativos.

1.5 Distribuição de frequência por classe

Você já participou de alguma pesquisa em que não é questionada sua idade, mas sua faixa de idade? Imagine uma pesquisa em relação à idade de um grupo de 1 000 pessoas. Quantas idades diferentes podem aparecer?

Nesse caso, se utilizarmos a tabela de distribuição de frequência, teremos muitas linhas, que serão equivalentes às diferentes idades que aparecerão na pesquisa. Segundo Castanheira (2010), quando o número de resultados obtidos em uma pesquisa é demasiadamente grande, é comum agruparmos esses resultados em faixas de valores, denominadas de *classes* ou *intervalos*.

Suponha que a Tabela 1.7, a seguir, demonstre a distribuição de frequência da idade de um grupo de 100 pessoas.

Tabela 1.7 – Distribuição da idade de um grupo de 100 pessoas

Classe	f
0 ⊢ 10	20
10 ⊢ 20	30
20 ⊢ 30	40
30 ⊢ 40	10

Verificamos que essa tabela apresenta, na primeira coluna, faixas de valores. Dessa forma, temos distribuição de frequência por classe ou intervalo. Nessa distribuição, trabalhamos com os seguintes conceitos:

- **Classe**: é o intervalo do grupo. A tabela indica, na segunda linha, que 20 pessoas têm entre 0 e 10 anos; já na quarta linha são 40 pessoas entre 20 e 30 anos. Essa tabela é formada por 4 classes.
- **Limites de um intervalo ou classe**: são os números extremos de cada intervalo ou classe. Aos valores à esquerda de cada classe damos o nome de *limite inferior* (Li), enquanto os valores à direita são chamados de *limite superior* (Ls). Na primeira classe (0 ⊢ 10), temos:

    0 – Limite inferior
    10 – Limite superior

O símbolo ⊢ representa que a classe ou intervalo é fechado à esquerda, ou seja, ou seja, o limite inferior pertence ao intervalo, e aberto à direita, isto é, o limite superior não pertence ao intervalo. Analisando a segunda classe 10|-- 20, temos que 10 faz parte da segunda classe e não da primeira; já o 20 não faz parte da segunda classe, mas está sendo considerado na terceira. Qualquer que seja a idade, ela se encaixa em apenas um dos intervalos.

- **Amplitude do intervalo ou classe (A)**: é a diferença entre o limite superior e o limite inferior de determinada classe ou intervalo. Portanto:

$A = Ls - Li$

Na segunda classe, temos uma amplitude igual a 10, ou seja, $A = 20 - 10 = 10$. Se calcularmos a amplitude para as demais classes, veremos que todas as classes têm a mesma amplitude. Então, na distribuição de frequência apresentada, as classes têm amplitude igual a 10, ou seja, **A = 10**.

Quando trabalhamos com uma distribuição de frequência por classe ou intervalo, assumimos que para todo intervalo existe um valor único, o qual é igual ao ponto médio da classe ou intervalo (*Pm*).

> **O QUE É**
> **Ponto médio** é a soma do limite superior (*Ls*) com o limite inferior (*Li*) dividida por 2, ou seja, é o valor que está no meio do intervalo:
>
> $Pm = \dfrac{Ls + Li}{2}$

Considerando a primeira classe do exemplo, temos o seguinte ponto médio:

$Pm = \dfrac{Ls + Li}{2} = \dfrac{10 + 0}{2} = 5$

Utilizando a mesma fórmula, encontramos o ponto médio das demais classes, conforme a Tabela 1.8.

Tabela 1.8 – Distribuição da idade de um grupo de 100 pessoas com ponto médio das classes

Classe	f	Pm
0 |-- 10	20	5
10 |-- 20	30	15
20 |-- 30	40	25
30 |-- 40	10	35

A distribuição de frequência por classe ou intervalo facilita a representação de uma grande quantidade de dados. Todavia, vale lembrar que, quando agrupamos os dados em faixa de valores, não conseguimos ter a frequência exata do dado, mas apenas a da faixa de valores.

Para a construção de uma distribuição de frequência por classe ou intervalo, seguimos algumas etapas que vão auxiliar na geração da tabela e na apresentação dos resultados:

I. Colocar os valores obtidos em rol.

II. Calcular a amplitude total = maior valor – menor valor.

III. Determinar o número de classes – não há uma fórmula exata, mas podemos utilizar os seguintes métodos:
- Número de classes = $\sqrt{\text{Amostra}}$
- Método de Sturges: $i = 1 + 3,3 \cdot \log n$, em que n é o número total de observações.

IV. Determinar a amplitude da classe:

$$A = \frac{\text{Amplitude total}}{\text{Número de classe}}$$

V. Construir a distribuição de frequência por intervalo de classe. Recomenda-se que o número mínimo de intervalos seja igual a 5 e o número máximo seja igual a 20, o que facilita a construção da tabela com um mínimo de precisão e de informação. Lembramos que todos os intervalos devem ter o mesmo tamanho, isto é, a mesma amplitude.

Exemplificando

Vamos considerar os dados dispostos a seguir, coletados em uma pesquisa referente à idade de um grupo de funcionários de determinada empresa, e construir uma tabela de distribuição de frequência por classe.

Os dados brutos estão dispostos a seguir.
24 23 22 28 35 21 23 23 33 34
24 21 25 36 26 22 30 32 25 26
33 34 21 31 25 31 26 25 35 33

I. Colocar os valores obtidos em rol:
21 21 21 22 22 23 23 23 24 24
25 25 25 25 26 26 26 28 30 31
31 32 33 33 33 34 34 35 35 36

II. Calcular a amplitude total = maior valor – menor valor. Verificamos no rol quais são o maior e o menor valores encontrados nessa pesquisa e, depois, subtraímos um do outro para encontrar a amplitude total:
Maior valor = 36
Menor valor = 21
Amplitude total = 36 – 21 = 15

III. Determinar número de classes.
Existem dois métodos e podemos escolher um deles para aplicar. Em nosso exemplo, vamos resolver das duas formas, a fim de verificar as diferenças no cálculo:
- Número de classes = $\sqrt{\text{Amostra}}$

A amostra, no exemplo, é igual a 30, que é a quantidade de dados brutos. Então:
Número de classes = $\sqrt{30} = 5,47723 = 6$

- Método de Sturges: $i = 1 + 3,3 \cdot \log n$, em que n é o número total de observações.

No exemplo, temos n = 30. Assim, aplicamos a fórmula:
i = 1 + 3, 3 . log n
i = 1 + 3, 3 · log 30
i = 1 + 3, 3 · 1,47712
i = 1 + 4,87450
i = 5,87450 = 6

Nos dois métodos, arredondamos o valor obtido para o inteiro mais próximo a maior e obtivemos o mesmo número de classes. Assim, nossa distribuição vai conter 6 classes.

IV. Determinar a amplitude da classe.

Para o cálculo, precisamos da amplitude total e do número de classes, já calculados nos passos II e III:

Amplitude total = 15

Número de classes = 6

$$A = \frac{15}{6} = 2,5 = 3$$

Sempre que a divisão resultar em um número não inteiro, será necessário arredondá-lo para o inteiro mais próximo, maior que o encontrado na divisão. Dessa maneira, nossa distribuição terá uma amplitude de classe igual a 3.

V. Construir a distribuição de frequência por intervalo de classe.

Para a construção da distribuição, utilizaremos o rol e a amplitude da classe:

Rol:
21 21 21 22 22 23 23 23 24 24
25 25 25 25 26 26 26 28 30 31
31 32 33 33 33 34 34 35 35 36

Como a amplitude de classe é igual a 3, isso significa que precisamos agrupar os valores de 3 em 3 e, assim, formaremos as classes para a construção da distribuição. Para a construção da primeira classe, consideramos o primeiro valor apresentado no rol, que é 21 – este será nosso limite inferior. Para encontrarmos o limite superior, somamos 3 e temos 24. Para a construção da segunda classe, seguimos o mesmo raciocínio: considerando o limite superior da classe anterior, temos 24 mais 3, então o limite inferior será 24 e o superior 27. É necessário seguir esse procedimento para as 6 classes, que é o número de classes que precisamos encontrar.

Para encontrarmos a frequência de cada classe, verificamos quantas vezes o número daquela classe aparece. Por exemplo, na primeira classe, o limite inferior é 21 fechado, ou seja, contamos o 21, mas o superior é 24 aberto, não sendo considerado no cálculo da frequência. Assim, contamos apenas os valores 21, 22 e 23. Verificamos também quantas vezes esses valores aparecem, ou seja, a frequência desses valores é igual a 8.

21 21 21 22 22 23 23 23 24 24
25 25 25 25 26 26 26 28 30 31
31 32 33 33 33 34 34 35 35 36

Realizamos, então, o mesmo procedimento para todos os valores do rol. Depois disso, formamos a tabela de distribuição de frequência, conforme consta a seguir.

Tabela 1.9 – Distribuição de frequência da idade dos funcionários

Classe	f
21 |-- 24	8
24 |-- 27	9
27 |-- 30	1
30 |-- 33	4
33 |-- 36	7
36 |-- 39	1
Total	30

–Exercício resolvido

Considere os dados a seguir, que representam o tempo (segundos) para inicialização de um aplicativo. Com base nos dados, elabore uma tabela de distribuição de frequência por classe.

| 3,5 | 1,9 | 2,1 | 1,6 | 3,1 | 1,0 | 1,4 | 1,8 | 1,2 | 1,3 |
| 0,8 | 1,1 | 0,5 | 2,5 | 1,3 | 0,7 | 1,7 | 1,4 | 1,3 | 1,6 |

Resolução:

Rol:

| 0,5 | 0,7 | 0,8 | 1,0 | 1,1 | 1,2 | 1,3 | 1,3 | 1,3 | 1,4 |
| 1,4 | 1,6 | 1,6 | 1,7 | 1,8 | 1,9 | 2,1 | 2,5 | 3,1 | 3,5 |

Amplitude total = 3,5 − 0,5 = 3
Número de classes = $\sqrt{20}$ = 4,47 = 5
$A = \dfrac{3}{5} = 0,6$

Tabela 1.10 – Distribuição de frequência do tempo (s) para inicialização do aplicativo

Tempo (s)	f
0,5 |-- 1,1	4
1,1 |-- 1,7	9
1,7 |-- 2,3	4
2,3 |-- 2,9	1
2,9 |--| 3,5	2

Observação: para a elaboração da tabela, foi utilizada no cálculo do número de classes a raiz quadrada da amostra. Se quiséssemos usar o método de Sturges, poderíamos elaborar a tabela com 6 classes. Como utilizamos 5 classes para a construção da distribuição de frequência, fixamos a última classe com intervalo fechado nos dois limites para considerar o último dado apresentado. Caso não seja considerado o último intervalo fechado nos dois limites, é preciso realizar a tabela com 6 classes.

Estudamos que os dados podem ser apresentados por meio da distribuição de frequência e que, quando temos muitos dados, podemos utilizar a tabela de classes ou intervalos. Para uma boa apresentação, além da utilização da distribuição de frequência, é importante conhecermos os elementos de uma tabela e os diferentes tipos de gráficos, conforme veremos no tópico seguinte.

1.6 Tabelas e gráficos

Uma vez concluídas a coleta e a tabulação dos dados de uma pesquisa, devemos apresentá-los para gerar uma série de informações, as quais poderão ser utilizadas na tomada de decisão. Uma boa apresentação de dados deve seguir três requisitos: clareza, objetividade e concisão.

Para atingirmos esse objetivo, podemos apresentar os dados utilizando tabelas que fornecem uma visão geral do comportamento do fenômeno e o máximo de esclarecimento com um mínimo de espaço e tempo. Uma tabela é constituída dos seguintes elementos:

- título
- cabeçalho
- corpo
- fonte

O **título** contém a identificação de três fatores relativos ao fenômeno:

- A época à qual se refere: Quando?
- O local onde ocorreu o evento: Onde?
- O fenômeno que é descrito: O quê?

No **cabeçalho** é indicado o conteúdo das colunas; por sua vez, o **corpo** da tabela contém as informações sobre o fenômeno observado. Por fim, a **fonte** aponta a entidade responsável pelo levantamento dos dados.

Tabela 1.11 – Elementos de uma tabela

Título	
Cabeçalho	Cabeçalho
Corpo	Corpo
Corpo	Corpo
Corpo	Corpo

Fonte: Entidade responsável pelo levantamento dos dados.

Além das tabelas, podemos utilizar gráficos para a apresentação de dados. Os gráficos têm como finalidade representar os resultados visualmente de forma simples, permitindo uma leitura rápida e global dos fenômenos estudados. Demonstra-se a evolução do fenômeno em estudo, tornando possível observar a relação dos valores da série, representar a relação entre variáveis e facilitar a compreensão de dados.

Existem várias maneiras de representar graficamente os dados estatísticos de acordo com o tipo de série. Conforme Castanheira (2010), *série estatística* é a denominação que se dá a uma tabela na qual há um critério específico que a distingue. Para diferenciar uma série estatística de outra, é preciso levar em consideração três fatores: tempo, local e espécie.

Assim, as séries estatísticas são classificadas em:

- **Séries temporais, históricas ou cronológicas**: os dados são apresentados em uma faixa de tempo; eles são produzidos ou observados ao longo do tempo. Exemplos: produção anual; faturamento mensal.
- **Séries geográficas, espaciais, territoriais ou de localização**: os dados são apresentados em uma ou mais regiões. Exemplos: produção por região; venda por cidade; faturamento por estado.
- **Séries categóricas ou específicas**: os dados aqui são agrupados segundo a modalidade de ocorrência, pois essas séries têm como característica a variação do fato. Exemplos: vendas por produto; faturamento por marca; oferta de trabalho por área.
- **Séries mistas, conjugadas ou tabelas de dupla entrada**: trata-se de uma combinação entre as séries temporais, geográficas e específicas. Exemplos: faturamento mensal dividido por estados; veículos vendidos por regiões nos últimos anos.
- **Tabelas de distribuição de frequência**: consistem na apresentação dos resultados de uma pesquisa por meio de uma tabela que mostra a frequência de ocorrência de cada

resultado. A seguir, a Tabela 1.12 apresenta um exemplo de distribuição de frequência simples e a Tabela 1.13 um exemplo de distribuição de frequência por classe, conforme estudamos nas Seções 1.4 e 1.5.

Tabela 1.12 – Exemplo de distribuição de frequência

Defeitos	f
14	4
15	7
16	5
17	2
18	1
19	1

Tabela 1.13 – Exemplo de distribuição de frequência

Tempo (s)	f
0,5 |-- 1,1	4
1,1 |-- 1,7	9
1,7 |-- 2,3	4
2,3 |-- 2,9	1
2,9 |--| 3,5	2

Com base nos diferentes tipos de série, podemos então indicar a utilização de cada tipo de gráfico, em que os principais são:
- **Linhas**: representa observações feitas ao longo do tempo e que são utilizadas nas séries históricas ou temporais.

Gráfico 1.1 – Gráfico de linhas

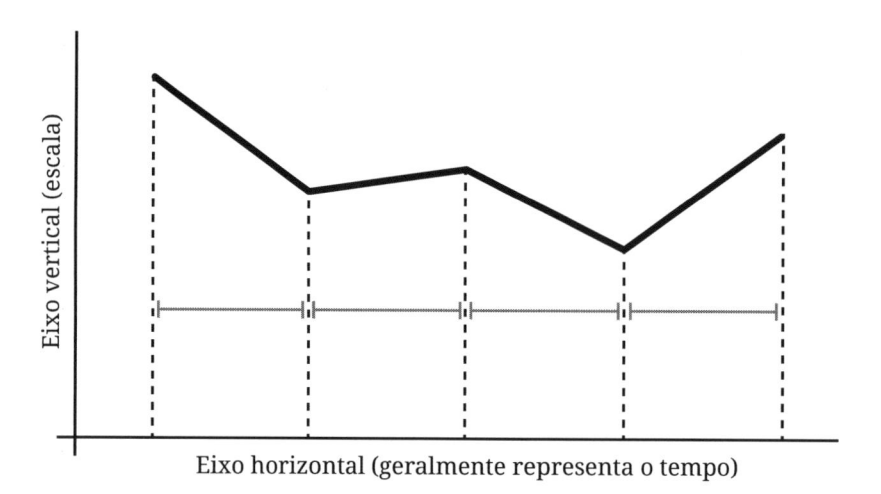

Eixo vertical (escala)

Eixo horizontal (geralmente representa o tempo)

— Pontos ligados por uma linha
--- Posição vertical de acordo com a intensidade em cada momento representado
⊢⊣ Distância proporcional ao período de tempo representado

Fonte: IBGE educa, 2021.

- **Setores**: os termos da série são divididos em setores. Esse tipo é mais utilizado para séries específicas ou geográficas com pequeno número de termos e quando se quer salientar a proporção de cada termo em relação ao todo. Esse gráfico também é conhecido como *gráfico de pizza*.

Gráfico 1.2 – Gráfico de setores

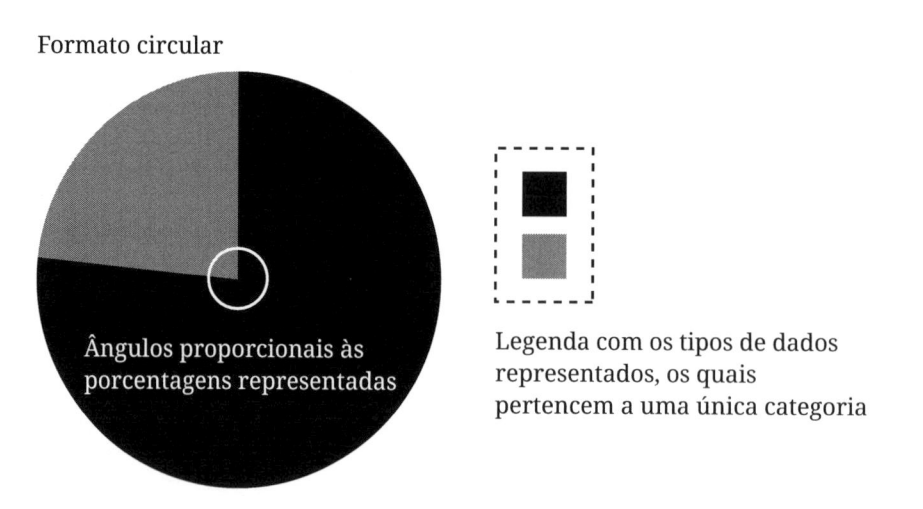

Formato circular

Ângulos proporcionais às porcentagens representadas

Legenda com os tipos de dados representados, os quais pertencem a uma única categoria

Fonte: IBGE educa, 2021.

- **Colunas**: trata-se da representação de uma série por retângulos, verticalmente (colunas). Esse tipo de gráfico pode ser utilizado nas diferentes séries.

Gráfico 1.3 – Gráfico de colunas

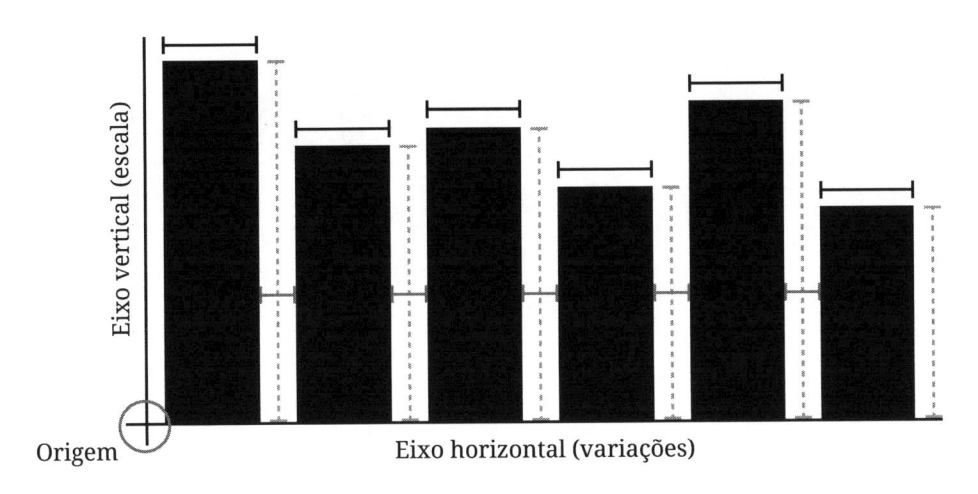

⊢─┤ Colunas de mesma largura
⊢─┤ Distância constante
⊢--┤ Alturas de acordo com a intensidade em cada variação

Fonte: IBGE educa, 2021.

- **Barras**: é a representação de uma série por retângulos, horizontalmente (barras). Esse tipo de gráfico pode ser utilizado nas diferentes séries.

Gráfico 1.4 – Gráfico de barras

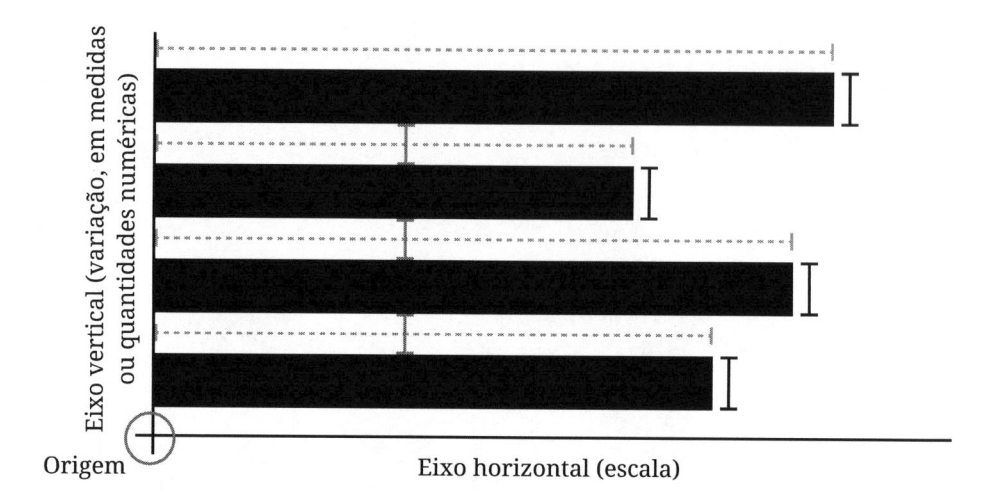

⊢—⊣ Barras de mesma largura
⊢—⊣ Distância constante
⊢--⊣ Tamanhos de acordo com a intensidade em cada variação

Fonte: IBGE educa, 2021.

Segundo Martins (2010), o gráfico de barras e o gráfico em forma de *pizza* são os mais comuns para a descrição de dados oriundos de variáveis qualitativas. Basicamente, eles mostram as frequências observadas para cada nível ou categoria da variável que se deseja descrever.

- **Histograma**: é a representação utilizada nas distribuições de frequências cujos dados foram agrupados em classes ou intervalos de mesma amplitude. Cada classe é representada por um retângulo cuja base é igual à amplitude da classe e cuja área é proporcional à frequência da classe. Esse gráfico é o mais adequado para a descrição de dados oriundos de variáveis quantitativas com elevada quantidade de elementos.

Para a construção de um histograma, devemos seguir estes passos:

I. Marcar no eixo *x* (horizontal) as classes.
II. Marcar no eixo *y* (vertical) as frequências.
III. Para cada classe, levantar as colunas de acordo com cada frequência.

Considerando a tabela obtida no exercício resolvido da Seção 1.5, podemos construir o histograma que representa a distribuição, como demonstrado no Gráfico 1.7.

Gráfico 1.7 – Exemplo de histograma

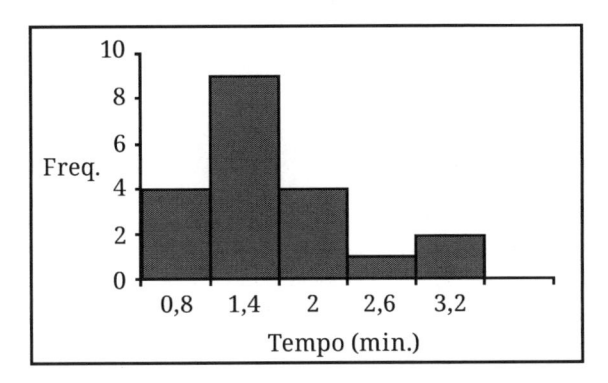

Na elaboração dos gráficos, indicamos os seguintes elementos: título, escala e fonte. Esses elementos são fundamentais, pois auxiliam na interpretação dos dados sem a necessidade de um grande número de explicações.

-Síntese-

Neste capítulo, verificamos que a estatística é dividida em estatística descritiva e estatística indutiva. Para gerar informações, é utilizado o método estatístico, o qual é composto de diversas fases para facilitar o tratamento de dados numéricos.

Abordamos também quais são os tipos de variáveis que podem aparecer em uma pesquisa e como organizar dados brutos, elaborar uma distribuição de frequência, calcular as frequências acumulada e relativa e interpretar os resultados obtidos.

Observamos, ainda, a construção e as diferenças entre a distribuição de frequência e a distribuição de frequência por classe ou intervalo. Encerramos o capítulo com o estudo dos tipos de séries e da configuração de tabelas e gráficos, que facilitam a compreensão das informações e tornam as decisões cada vez mais precisas.

Questões para revisão

1. A estatística divide-se basicamente em duas áreas. Uma delas se preocupa em organizar e descrever um conjunto de observações e é a parte da estatística referente à coleta e à tabulação dos dados. Assinale a alternativa que indica corretamente qual é essa área da estatística:
   a) Estatística indutiva.
   b) Estatística analítica.
   c) Estatística descritiva.
   d) Inferência estatística.
   e) Estatística da amostra.

2. Um lote de 100 aparelhos eletrônicos será considerado em bom estado para venda se, ao serem testados, 10 dos aparelhos não apresentarem defeitos. O exemplo descreve uma aplicação de uma das áreas da estatística. Assinale a alternativa que indica a área da estatística à qual o exemplo se refere:
   a) Estatística da amostra.
   b) Estatística analítica.
   c) Estatística descritiva.
   d) Inferência estatística.
   e) Estatística da população.

3. Uma variável é definida como uma característica que observamos numa pesquisa e que pode assumir diferentes valores. Podemos considerar dois tipos de variáveis: as qualitativas e as quantitativas. As variáveis qualitativas são classificadas em nominais e ordinais; já as variáveis quantitativas são classificadas em discretas e contínuas. Assinale a alternativa que classifica de forma correta as seguintes variáveis, respectivamente:
   - tipo sanguíneo
   - número de filhos
   - cargo na empresa
   - altura

a) Qualitativa ordinal, quantitativa discreta, qualitativa nominal, quantitativa contínua.
b) Qualitativa nominal, quantitativa contínua, qualitativa ordinal, quantitativa discreta.
c) Qualitativa nominal, quantitativa discreta, qualitativa ordinal, quantitativa contínua.
d) Qualitativa ordinal, quantitativa contínua, qualitativa ordinal, quantitativa contínua.
e) Qualitativa discreta, quantitativa nominal, qualitativa ordinal, quantitativa contínua.

4. Uma pesquisa sobre a renda anual familiar realizada com uma amostra de 1.000 pessoas em determinada cidade resultou na distribuição de frequência apresentada na tabela a seguir.

Tabela A – Distribuição de frequência da renda anual familiar

Salário anual	f
0 |--- 10	250
10 |--- 20	300
20 |--- 30	200
30 |--- 40	120
40 |--- 50	60
50 |--- 60	40
60 |--- 70	20
70 |--- 80	10

Qual é a frequência da quinta classe?
a) 250.
b) 200.
c) 60.
d) 40.
e) 10.

5. As notas obtidas por 20 alunos em um teste da disciplina de Probabilidade e Estatística foram as seguintes:

   8,0   6,0   7,0   4,0   9,0   7,0   9,0   8,0   7,0   5,0
   4,0   3,0   6,0   9,0   8,0   9,0   7,0   6,0   8,0   7,0

   Com base nessas informações, elabore uma tabela de distribuição de frequência com as frequências acumulada e relativa. Depois, responda:
   a) Quantos alunos obtiveram nota maior ou igual a 5,0, que é a nota mínima de aprovação?
   b) Quantos alunos obtiveram nota menor ou igual a 8,0?
   c) Quantos alunos foram aprovados? Considere nota mínima de aprovação igual a 5,0.

6. Uma indústria inspecionou 20 amostras retiradas da produção diária de certa máquina e constatou as quantidades de defeito por amostra indicadas a seguir. Elabore uma distribuição de frequência, calculando o ponto médio e as frequências acumulada e relativa.

   26   28   24   13   18
   18   25   18   25   24
   20   21   15   28   17
   27   22   13   19   28

–Questões para reflexão

1. Série estatística é uma tabela na qual há um critério específico que a distingue. Para diferenciar as séries, levam-se em consideração três fatores: época, local e espécie. Cite dois tipos de séries estatísticas, as características que as definem e exemplos da utilização de cada uma.

2. Existem várias maneiras de representar graficamente os dados estatísticos de acordo com o tipo de série. Os principais tipos de gráficos são: linhas, setores, colunas, barras e histogramas. Para quais séries os gráficos de linhas e de setores são mais indicados? Pesquise e cite exemplos de uso desses gráficos.

Para saber mais

Para se aprofundar nos assuntos tratados neste capítulo, consulte os materiais indicados a seguir.

LARSON, R.; FARBER, B. **Estatística aplicada**. 6. ed. São Paulo: Pearson, 2015.

MARTINS, G. de A. **Estatística geral e aplicada**. 3. ed. São Paulo: Atlas, 2010.

A IMPORTÂNCIA da estatística na engenharia. 9 dez. 2016. Disponível em: <https://www.youtube.com/watch?v=ahccyeXOxFQ>. Acesso em: 30 out. 2021.

SILVA, M. N. P. da. Aplicação de estatística: frequência absoluta e frequência relativa. **Brasil Escola**. Disponível em: <https://brasilescola.uol.com.br/matematica/aplicacao-estatistica-frequencia-absoluta-frequencia-.htm>. Acesso em: 30 out. 2021.

capítulo 2

Conteúdos do capítulo

- Medidas de posição.
- Média.
- Média ponderada.
- Mediana.
- Moda.
- Separatrizes.

Após o estudo deste capítulo, você será capaz de:

1. calcular as principais medidas de posição;
2. interpretar os resultados obtidos em cada medida de posição.

Medidas de posição

No Capítulo 1, abordamos os elementos da estatística, a diferença entre estatística descritiva e estatística indutiva, os tipos de variáveis, as distribuições de frequência, as séries estatísticas e os tipos de tabelas e gráficos. Neste capítulo, trataremos das medidas de posição, que possibilitam apresentar os dados por meio de um valor único, proporcionando a compreensão e a interpretação das informações que servirão como base para análises e tomadas de decisão. Entre as medidas de posição, vamos examinar a diferença entre a média, a mediana e a moda.

2.1 Medidas de posição

Um conjunto de dados pode ser apresentado de uma forma mais sintética mediante a utilização de apenas um valor médio, que representa todo o conjunto e tende a se localizar no centro, em torno do qual os dados se concentram.

As principais medidas de posição, também chamadas de *medidas de tendência central*, são a média, a mediana e a moda. Aplicaremos essas medidas em três tipos de dados: dados não agrupados, distribuição de frequência e distribuição de frequência por classe ou intervalo. Vamos relembrar os tipos de dados estudados no Capítulo 1:

- **Dados não agrupados**: dados que não estão apresentados ou agrupados em uma distribuição de frequência.
- **Dados agrupados em uma distribuição de frequência**: tabela que demonstra a frequência de ocorrência de cada resultado.
- **Dados agrupados em uma distribuição de frequência por classe**: tabela que apresenta os dados em faixas de valores e indica a frequência com que cada faixa aparece na pesquisa.

Considerando essa tipologia, na próxima seção, vamos mostrar como calculamos e aplicamos a média, que é uma das medidas de posição mais conhecidas e utilizadas.

2.1.1 Média

De acordo com Pereira (2014), a média aritmética é uma medida estatística que representa o grau de concentração dos valores numa distribuição, ou seja, é a posição em que a maioria dos valores se encontra. Segundo Oliveira (1999), é o protótipo das medidas de tendência central, definida como o quociente entre a soma de todos os valores da variável e o número de elementos desta.

A média, ou média aritmética, é a medida de posição mais comum, sendo representada pelo símbolo $\bar{X}$. Essa medida é determinada pela soma dos resultados obtidos em uma pesquisa dividida pela quantidade de resultados, ou seja, somamos todos os valores e os dividimos pela quantidade de dados obtidos na pesquisa.

Quando trabalhamos com dados não agrupados, utilizamos a seguinte fórmula para calcular a média:

$$\bar{X} = \frac{\sum X}{N}$$

em que:
X = dados
N = quantidade de observações

A média é a medida de posição mais utilizada, mas tem um ponto negativo: é influenciada pelos extremos. Precisamos sempre observar os dados coletados e saber se apresentam valores baixos e altos, pois estes influenciarão no cálculo dessa medida.

-Exercícios resolvidos

1. Uma indústria pretende determinar a duração de certo equipamento eletrônico. Assim, realizou a medição, em horas, de 10 aparelhos, obtendo os seguintes resultados:

   123 116 122 110 175 126 125 111 118 117

   Com base nos dados coletados, determine a média de vida útil desse equipamento.

Resolução:

Para calcularmos a média, precisamos somar os dados e dividi-los por 10, que é a quantidades de equipamentos avaliados. Ou seja:

$$\overline{X} = \frac{123+116+122+110+175+126+125+111+118+117}{10}$$

$$\overline{X} = \frac{1234}{10} = 124,3$$

Logo, o equipamento dura, em média, 124,3 horas.

2. Uma loja apresentou, durante um ano, os seguintes volumes de vendas (em R$): 2.500, 2.600, 3.100, 15.100, 4.600, 4.000, 4.100, 3.700, 3.400, 3.600, 3.900 e 4.200. Qual é a média anual de vendas dessa empresa?

Resolução:

Para o cálculo, somamos os valores fornecidos e os dividimos por 12:

$$\overline{X} = \frac{2500+2600+3100+15100+4600+4000+4100+3700+3400+3600+3900+4200}{12}$$

$$\overline{X} = \frac{54800}{12} = 4.566,67$$

Assim, a média anual de vendas dessa empresa é de R$ 4.566,67.

Média ponderada

Quando os dados estão agrupados numa distribuição de frequência, calculamos a média aritmética ponderada – ou apenas média ponderada –, pois cada grandeza envolvida no cálculo tem uma importância diferente, ou seja, acontece um número diferente de vezes. Para calcularmos essa medida, usamos a fórmula a seguir e observamos os passos indicados na sequência:

$$\overline{X} = \frac{\sum (X \cdot f)}{N} \text{ em que } N = \sum f$$

I. Multiplicar os dados (X) pela frequência (f) para cada um dos valores da distribuição.
II. Somar os valores obtidos no passo I, ou seja, somar os resultados da multiplicação $X \cdot f$.
III. Encontrar o valor de N somando a coluna de frequências.
IV. Dividir o valor encontrado no passo II pelo valor de N.

Exemplificando

Uma indústria avaliou 30 aparelhos produzidos e identificou as quantidades de defeitos por aparelho indicadas na Tabela 2.1. Qual é o número médio de defeitos?

Tabela 2.1 – Número de defeitos por aparelho

Número de defeitos	f
0	12
1	8
2	7
3	1
4	2

I. Multiplique os valores (X) que representam as quantidades de defeitos pelas frequências (f), que estão representadas na segunda coluna.

Tabela 2.2 – Cálculo da média (passo I)

Número de defeitos	f	X·f
0	12	0
1	8	8
2	7	14
3	1	3
4	2	8

II. Some os valores obtidos na multiplicação $X \cdot f$.

Tabela 2.3 – Cálculo da média (passo II)

Número de defeitos	f	X·f
0	12	0
1	8	8
2	7	14
3	1	3
4	2	8
Total		33

III. Encontre o valor de N somando a coluna de frequências: N = 30.

Tabela 2.4 – Cálculo da média (passo III)

Número de defeitos	f	X·f
0	12	0
1	8	8
2	7	14
3	1	3
4	2	8
Total	30	33

iv. Divida o valor encontrado na soma de $X \cdot f$ pelo valor de N.

$$\overline{X} = \frac{33}{30} = 1,1$$

A média de defeitos nos aparelhos inspecionados é de 1,1 defeito.

Quando temos uma distribuição de frequência representada em intervalos ou classes, a média ponderada é calculada substituindo-se os valores de X na fórmula pelo ponto médio (Pm) de cada intervalo. Ou seja:

$$\overline{X} = \frac{\sum (Pm \cdot f)}{N}$$

Para calcularmos a média em uma distribuição de frequência por classe, consideramos os seguintes passos:

i. Calcular o ponto médio de cada classe aplicando a fórmula:
$Pm = \frac{Ls + Li}{2}$.

ii. Para cada um dos valores da distribuição, multiplicar o ponto médio (Pm) pela frequência (f).

iii. Somar os valores obtidos na multiplicação $Pm \cdot f$.

iv. Somar a coluna de frequências para encontrar o valor de N.

v. Dividir o valor encontrado na soma de $Pm \cdot f$ pelo valor de N.

Exemplificando

Uma empresa inspecionou 50 componentes eletrônicos para determinar seu tempo de vida útil, obtendo a distribuição indicada na Tabela 2.5. Calcule o tempo médio de vida desse componente.

Tabela 2.5 – Tempo de vida útil de 50 componentes eletrônicos

Tempo (horas)	f
1200 |--- 1300	1
1300 |--- 1400	3
1400 |--- 1500	11
1500 |--- 1600	20
1600 |--- 1700	10
1700 |--- 1800	3
1800 |--- 1900	2

Para calcularmos a média em uma distribuição de frequência por classe, aplicamos os passos descritos a seguir.

I. Calcule o ponto médio de cada classe.
Primeira classe:

$$Pm = \frac{Ls+Li}{2} = \frac{1300+1200}{2} = \frac{2500}{2} = 1250$$

Aplicando o mesmo cálculo para as demais classes, obtemos a tabela a seguir.

Tabela 2.6 – Cálculo da média na distribuição por classe (passo I)

Tempo (horas)	f	Pm
1200 |--- 1300	1	1250
1300 |--- 1400	3	1350
1400 |--- 1500	11	1450
1500 |--- 1600	20	1550
1600 |--- 1700	10	1650
1700 |--- 1800	3	1750

II. Para todas as classes, multiplique o ponto médio (*Pm*) pela frequência (*f*).

Tabela 2.7 – Cálculo da média na distribuição por classe (passo II)

Tempo (horas)	f	Pm	Pm · f
1200 |--- 1300	1	1250	1250
1300 |--- 1400	3	1350	4050
1400 |--- 1500	11	1450	15950
1500 |--- 1600	20	1550	31000
1600 |--- 1700	10	1650	16500
1700 |--- 1800	3	1750	5250
1800 |--- 1900	2	1850	3700

III. Some os valores obtidos na multiplicação $Pm \cdot f$.

Tabela 2.8 – Cálculo da média na distribuição por classe (passo III)

Tempo (horas)	f	Pm	Pm · f
1200 |--- 1300	1	1250	1250
1300 |--- 1400	3	1350	4050
1400 |--- 1500	11	1450	15950
1500 |--- 1600	20	1550	31000
1600 |--- 1700	10	1650	16500
1700 |--- 1800	3	1750	5250
1800 |--- 1900	2	1850	3700
Total			77700

IV. Some a coluna de frequências para encontrar o valor de N.

Tabela 2.9 – Cálculo da média na distribuição por classe (passo IV)

Tempo (horas)	f	Pm	Pm · f
1200 |--- 1300	1	1250	1250
1300 |--- 1400	3	1350	4050
1400 |--- 1500	11	1450	15950
1500 |--- 1600	20	1550	31000
1600 |--- 1700	10	1650	16500
1700 |--- 1800	3	1750	5250
1800 |--- 1900	2	1850	3700
	50		77700

v. Divida o valor da soma de $Pm \cdot f$ pelo valor de N.

$$\overline{X} = \frac{77700}{50} = 1554$$

O tempo médio de vida útil dos componentes eletrônicos é de 1554 horas.

2.1.2 Mediana

A segunda medida de posição é a mediana, a qual é representada por *Md* e indica o elemento que ocupa a posição central. Essa medida divide a distribuição em 50%, ou seja, é o valor que divide o conjunto de dados em duas partes iguais.

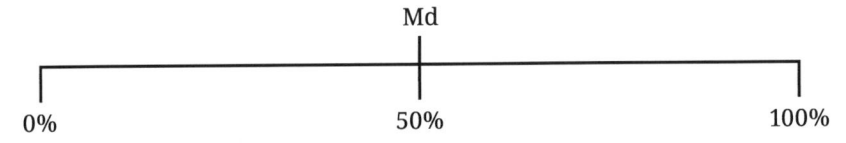

```
                    Md
                    |
     ┌──────────────┼──────────────┐
    0%             50%           100%
```

Para dados não agrupados, a mediana é o valor que divide a série ordenada em dois conjuntos de igual tamanho, isto é, com o mesmo número de valores. Segundo Castanheira (2010), é necessário observar que a quantidade de dados pode ser par ou ímpar. Sendo ímpar, o valor da mediana é o valor que está no centro da série; sendo par, a mediana é a média aritmética dos dois valores que estão no centro da série.

Quando temos os dados não agrupados, os passos para o cálculo da mediana são os seguintes:

I. Colocar os dados em ordem.
II. Encontrar o valor de N, que é igual ao número de observações, a quantidade de dados da série.
III. Verificar se N é ímpar ou par.
IV. Encontrar a posição da mediana pela fórmula: Posição = $\frac{N}{2}$.
V. Calcular a mediana, considerando se N é par ou ímpar:
  - Ímpar = valor central
  - Par = média dos valores centrais

Exemplificando

Calcule a mediana da série:
 2, 5, 6, 8, 10, 13, 15, 16, 18

I. Ordene a série. Neste exemplo, os dados já estão ordenados.
II. Encontre o valor de N contando quantos dados temos na série. Aqui, N = 9.
III. Verifique se N é ímpar ou par. N = 9 é ímpar.
IV. Calcule a posição:

Posição = $\frac{N}{2} = \frac{9}{2} = 4,5 = 5$

Observação: caso a posição apresente um número com vírgula, devemos arredondá-lo para o inteiro mais próximo.

V. Procure na série ordenada o número que está na posição 5. Observe que é o número 10 que está na quinta posição.

Tabela 2.10 – Série ordenada e posição dos dados

	2	5	6	8	10	13	15	16	18
Posição	1	2	3	4	5	6	7	8	9

Como *N* é ímpar, a mediana é o valor central. Assim, a mediana é igual a 10, pois abaixo de 10 temos 4 números (2, 5, 6, 8) e acima de 10 também temos outros 4 (13, 15, 16, 18).

Vejamos agora outro exemplo. Calcule a mediana da série:
1, 6, 3, 10, 9, 8

I. Ordene a série:
1, 3, 6, 8, 9, 10

II. Encontre o valor de *N* contando quantos dados temos na série. Logo, N = 6.

III. Verifique se *N* é ímpar ou par. N = 6 é par.

IV. Calcule a posição:

$$\frac{N}{2} = \frac{6}{2} = 3$$

V. Como *N* é par, precisamos encontrar dois valores centrais. Assim, na série ordenada vamos procurar o número que está na posição 3 e na próxima, que é a posição 4. Na posição 3, temos o número 6; na posição 4, o número 8.

Tabela 2.11 – Série ordenada e posição dos dados

	1	3	6	8	9	10
Posição	1	2	3	4	5	6

Para encontrar a mediana, calcule a média entre os dois valores centrais. Some os dois valores encontrados e divida-os por 2:

$$Md = \frac{6+8}{2} = \frac{14}{2} = 7$$

Podemos calcular a mediana em uma distribuição de frequência por meio dos seguintes passos:

I. Encontrar o valor de *N*, que é igual à soma das frequências.

II. Determinar se *N* é par ou ímpar.

III. Calcular frequência acumulada (f_a).

IV. Calcular a posição = $\frac{N}{2}$.

v. Na frequência acumulada, identificar a posição calculada no passo IV. Devemos sempre buscar um valor igual ou maior que a posição calculada.

vi. Calcular a mediana:
- Ímpar = valor central
- Par = média dos valores centrais

Exemplificando

Uma indústria avaliou 30 aparelhos produzidos e identificou as quantidades de defeitos por aparelho indicadas na Tabela 2.12.

Tabela 2.12 – Número de defeitos por aparelho

Número de defeitos	f
0	12
1	8
2	7
3	1
4	2

Qual é a mediana dessa distribuição?

Para determinar a mediana, é preciso seguir os passos listados anteriormente.

I. Encontre o valor de N somando as frequências. Logo, N = 30.

Tabela 2.13 – Cálculo do valor de N

Número de defeitos	f
0	12
1	8
2	7
3	1
4	2
	30

II. Determine se N é par ou ímpar: N = 30 é par.
III. Calcule a frequência acumulada. Para calcular a frequência acumulada, é preciso repetir a primeira frequência e somá-la com a frequência seguinte.

Tabela 2.14 – Cálculo da frequência acumulada

Número de defeitos	f	f_a
0	+12	12
1	+8	20
2	+7	27
3	+1	28
4	2	30

IV. Calcule a posição:

$$\text{Posição} = \frac{N}{2} = \frac{30}{2} = 15$$

V. Identifique, na frequência acumulada, a posição encontrada no passo IV. Como N é par, precisamos de dois valores centrais, ou seja, vamos encontrar o valor que está na posição 15 e o que está na posição 16. Na coluna da frequência acumulada, procuramos valor igual ou maior que a posição. Neste caso, procuramos valores iguais ou maiores que 15 e 16. Esses números (15 e 16) estão na frequência acumulada igual a 20, a qual apresenta dado igual a 1.

Tabela 2.15 – Identificação da posição na frequência acumulada

Número de defeitos	f	f_a
0	12	12
1	8	20
2	7	27
3	1	28
4	2	30

Posição 15 = 1
Posição 16 = 1

VI. Some os dados encontrados nas posições para calcular a mediana:

$$Md = \frac{1+1}{2} = \frac{2}{2} = 1$$

A mediana dessa distribuição é igual a 1, ou seja, 50% dos aparelhos avaliados apresentam até 1 defeito.

-Exercício resolvido

Uma pesquisa foi realizada em diferentes lojas para avaliar o preço de determinado produto. Com base na distribuição da Tabela 2.16, calcule a mediana.

Tabela 2.16 – Distribuição de frequência do preço de um produto

Preço	f
73	2
75	10
77	12
79	5
81	2

Resolução:
Considerando os dados apresentados na Tabela 2.16, vamos calcular a mediana de acordo com os passos indicados a seguir.

I. Inicialmente, encontramos o valor de N, que é a soma das frequências.

Tabela 2.17 – Cálculo do valor de N

Preço	f
73	2
75	10
77	12
79	5
81	2
	31

II. Verificamos se o valor de N encontrado no passo I é par ou ímpar. Como N é 31, então N é ímpar.

III. Com base na coluna de frequências, calculamos a frequência acumulada.

Tabela 2.18 – Cálculo da frequência acumulada

Preço	f	f_a
73	2	2
75	10	12
77	12	24
79	5	29
81	2	31
	31	

Para encontrarmos a frequência acumulada, repetimos o primeiro valor e o somamos com o próximo, conforme Tabela 2.18.

IV. Calculamos a posição da mediana utilizando a seguinte fórmula:

$$\text{Posição} = \frac{N}{2} = \frac{31}{2} = 15,5 = 16$$

V. Identificamos a posição na coluna da frequência acumulada; assim, procuramos um valor igual ou maior que 16. Avaliando a coluna da frequência acumulada da Tabela 2.18, encontramos um valor maior que 16 na linha 4, com frequência acumulada igual a 24, que representa o preço igual a 77.

VI. Como *N* é um número ímpar, a mediana é o valor encontrado na posição 16, ou seja, a mediana é igual a 77.

Assim, 50% dos locais comercializam o produto por até R$ 77,00.

Quando temos uma distribuição de frequência com os dados agrupados por classe, utilizamos os seguintes passos para calcular a mediana:

I. Somar as frequências para encontrar o valor de *N*.
II. Calcular a posição da mediana pela divisão $\frac{N}{2}$.
III. Calcular a frequência acumulada (f_a).
IV. Identificar a posição calculada no passo II na frequência acumulada (lembre-se de que buscamos um valor igual ou maior que a posição calculada no passo II).
V. Calcular a mediana aplicando a seguinte fórmula:

$$Md = Li + \frac{(N/2 - \sum f_{ant})}{f_{Md}} \cdot A$$

em que:

Li = limite inferior da classe que contém a mediana

N = número de observações, ou seja, soma das frequências

$\sum f_{ant}$ = soma das frequências anteriores à classe que contém a mediana

A = amplitude de classe: $A = Ls - Li$

f_{Md} = frequência da classe que contém a mediana

Exemplificando

Uma empresa inspecionou 50 componentes eletrônicos para determinar o tempo de vida útil deles, obtendo a distribuição da Tabela 2.19. Calcule a mediana.

Tabela 2.19 – Tempo de vida útil de 50 componentes

Tempo (horas)	f
1200 |--- 1300	1
1300 |--- 1400	3
1400 |--- 1500	11
1500 |--- 1600	20
1600 |--- 1700	10
1700 |--- 1800	3
1800 |--- 1900	2

Vamos aplicar, a seguir, os passos para calcular a mediana dessa distribuição.

I. Encontre o valor de N, que é igual à soma das frequências: N = 50.

Tabela 2.20 – Cálculo do valor de N

Tempo (horas)	f
1200 |--- 1300	1
1300 |--- 1400	3
1400 |--- 1500	11
1500 |--- 1600	20
1600 |--- 1700	10
1700 |--- 1800	3
1800 |--- 1900	2
	50

II. Calcule a posição:

$$\text{Posição} = \frac{N}{2} = \frac{50}{2} = 25$$

III. Calcule a frequência acumulada.

Tabela 2.21 – Cálculo da frequência acumulada

Tempo (horas)	f	f_a
1200 |--- 1300	1	1
1300 |--- 1400	3	4
1400 |--- 1500	11	15
1500 |--- 1600	20	35
1600 |--- 1700	10	45
1700 |--- 1800	3	48
1800 |--- 1900	2	50

IV. Identifique a posição calculada no passo II, na frequência acumulada. Temos que a posição é 25, então buscamos um valor igual ou maior na coluna da frequência acumulada: Posição = 25, identificada na quarta classe.

Tabela 2.22 – Identificação da posição

Tempo (horas)	f	f_a
1200 |--- 1300	1	1
1300 |--- 1400	3	4
1400 |--- 1500	11	15
1500 |--- 1600	20	35
1600 |--- 1700	10	45
1700 |--- 1800	3	48
1800 |--- 1900	2	50

V. Aplique a fórmula para obter a mediana:

$$Md = Li + \frac{(N/2 - \sum f_{ant})}{f_{Md}} \cdot A$$

Identificamos, no passo IV, a posição na quarta classe. Assim, essa classe será utilizada como base para os cálculos:

- $Li = 1500$
- $\frac{N}{2} = \frac{50}{2} = 25$

- $\sum f_{ant}$ = soma das frequências anteriores à classe que contém a mediana (consideramos o valor anterior à classe na coluna de frequência acumulada; assim, o valor procurado é igual a 15)
- f_{Md} = frequência da classe que contém a mediana = 20

Tabela 2.23 – Cálculo da mediana na distribuição de frequência por classe

Tempo (horas)	f	f_a
1200 |--- 1300	1	1
1300 |--- 1400	3	4
1400 |--- 1500	11	15
1500 |--- 1600	20	35
1600 |--- 1700	10	45
1700 |--- 1800	3	48
1800 |--- 1900	2	50

- $A = Ls - Li = 1600 - 1500 = 100$

Com os valores descritos anteriormente, aplicamos a fórmula para encontrar o valor da mediana:

$$Md = L_i + \frac{(N/2 - \sum f_{ant})}{f_{Md}} \cdot A$$

$$Md = 1500 + \frac{(25-15)}{20} \cdot 100$$

$$Md = 1500 + \frac{(10)}{20} \cdot 100$$

$$Md = 1500 + \frac{1000}{20}$$

$$Md = 1500 + 50 = 1550$$

A mediana é igual a 1550, ou seja, 50% dos componentes apresentam tempo de vida útil de até 1550 horas.

2.1.3 Moda

Na seções anteriores, vimos a diferença entre média e a mediana e suas aplicações. Agora, vamos estudar as caraterísticas e as aplicações de mais uma medida de posição, a moda.

> **O QUE É**
>
> A **moda**, representada por *Mo*, indica o valor que ocorre o maior número de vezes, ou seja, é o valor que mais se repete, aquele valor que apresenta a maior frequência.

Quando calculamos a moda, podemos encontrar três situações:
1. **Distribuição modal**: quando temos apenas uma moda, ou seja, apenas um valor.
2. **Distribuição bimodal**: quando temos dois ou mais valores para a moda.
3. **Distribuição amodal**: não há repetição de valores; logo, não há moda.

Para obtermos a moda em uma série de dados formada por dados não agrupados, verificamos o valor que mais se repete.

> *Exemplificando*
>
> Qual é a moda das séries a seguir?
>
> 7, 10, 9, 8, 12, 10, 11, 10
>
> Verificamos que o número 10 aparece 3 vezes. Assim, a moda é igual a 10.
>
> 3, 5, 8, 10, 12
>
> Observando a série, percebemos que todos os valores aparecem uma única vez. Assim, não há valores que se repetem. Logo, a série não apresenta moda, isto é, a série é amodal.
>
> 4, 3, 2, 4, 5, 7, 6, 4, 7, 9, 8, 7
>
> Verificando a série, tanto o número 4 como o número 7 aparecem 3 vezes. Assim, temos duas modas (Mo = 4 e Mo = 7); logo, a série é bimodal.

De acordo com Martins (2010), para distribuições simples, sem agrupamento em classes, a identificação da moda é facilitada pela simples observação do elemento que apresenta maior frequência. Assim, na coluna de frequência, identificamos o maior valor, e a moda será o valor de X que está na primeira coluna.

–Exercício resolvido

Uma indústria avaliou 30 aparelhos produzidos e identificou as quantidades de defeitos por aparelho indicadas na Tabela 2.24. Com base nos dados obtidos, calcule a moda.

Tabela 2.24 – Número de defeitos por aparelho

Número de defeitos	f
0	12
1	8
2	7
3	1
4	2

Na coluna de frequência, verificamos o maior valor; assim, a maior frequência é 12. A moda é identificada pelo dado da primeira coluna, ou seja, a moda é igual a zero (Mo = 0). Dessa forma, a maioria dos equipamentos avaliados não apresentam defeitos.

Tabela 2.25 – Cálculo da moda na distribuição de frequência

Número de defeitos	f
0	12
1	8
2	7
3	1
4	2

Para calcularmos a moda em uma distribuição de frequência com dados agrupados em classes, aplicamos os passos a seguir.

I. Identificar em que classe se encontra a moda, ou seja, a classe que apresenta a maior frequência.

II. Determinar o valor da moda utilizando a seguinte fórmula:

$$Mo = Li + \frac{f_{post} \cdot A}{f_{ant} + f_{post}}$$

em que:

Li = limite inferior da classe que contém a moda
f_{post} = frequência da classe posterior à classe que contém a moda
f_{ant} = frequência da classe anterior à classe que contém a moda
A = amplitude de classe: A = Ls − Li

Exemplificando

Uma empresa inspecionou 50 componentes eletrônicos para determinar o tempo de vida útil deles, obtendo a distribuição da Tabela 2.26. Calcule a moda.

Tabela 2.26 – Tempo de vida útil de 50 componentes

Tempo (horas)	f
1200 |--- 1300	1
1300 |--- 1400	3
1400 |--- 1500	11
1500 |--- 1600	20
1600 |--- 1700	10
1700 |--- 1800	3
1800 |--- 1900	2

I. Identifique em que classe se encontra a moda, ou seja, a classe que apresenta a maior frequência de ocorrência. A maior frequência é 20. Assim, a moda está localizada na classe 1500 |--- 1600.

Tabela 2.27 – Identificação da classe que apresenta a moda

Tempo (horas)	f
1200 |--- 1300	1
1300 |--- 1400	3
1400 |--- 1500	11
1500 |--- 1600	20
1600 |--- 1700	10
1700 |--- 1800	3
1800 |--- 1900	2

II. Determine o valor da moda utilizando a fórmula dada:
- Li = 1500
- f_{post} = frequência da classe posterior à classe que contém a moda = 10
- f_{ant} = frequência da classe anterior à classe que contém a moda = 11
- A = Ls – Li = 1600 – 1500 = 100

$$Mo = 1500 + \frac{10 \cdot 100}{11 + 10}$$

$$Mo = 1500 + \frac{1000}{21}$$

$$Mo = 1500 + 47{,}62 = 1547{,}62$$

Já vimos as principais medidas de posição, a média, a mediana e moda, mas podemos encontrar outros valores em uma distribuição. Assim, vamos estudar as separatrizes na próxima seção.

2.2 Separatrizes

As separatrizes são números que dividem uma distribuição em partes iguais e determinam o posicionamento de certo valor na distribuição. Podemos definir os valores que separam a distribuição em 4, 10 ou 100 partes iguais, aos quais chamamos de *quartis*, *decis* e *percentis*, respectivamente.

Os **quartis** permitem dividir a distribuição em 4 partes iguais e são representados por Q_i, em que i representa a ordem do quartil. No diagrama a seguir, o primeiro quartil (Q1) representa 25% dos dados, o segundo quartil (Q2), 50% e o terceiro quartil (Q3), 75%. Isso ocorre pois dividimos 100% dos dados por 4, obtendo 25%. Assim, a cada quartil acumulamos 25%.

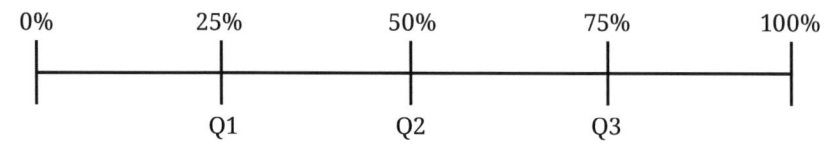

```
0%      25%      50%      75%      100%
|--------|--------|--------|--------|
         Q1       Q2       Q3
```

Quando temos dados não agrupados, encontramos o quartil colocando os dados em ordem e, depois, aplicando a regra de três, a qual indicará o posicionamento do elemento no conjunto de dados. Considerando o conjunto de dados a seguir, vamos determinar o primeiro quartil:

6, 47, 49, 15, 42, 41, 7, 39, 43, 40, 36

Primeiramente, precisamos ordenar o conjunto de dados:

6, 7, 15, 36, 39, 40, 41, 42, 43, 47, 49

Sabemos que o primeiro quartil corresponde a 25% dos dados e que, no total (100%), temos 11 dados. Assim, montamos a regra de três:

100% ⟶ 11
25% ⟶ X

Multiplicando cruzado, temos:

100% X = 25% · 11

100X = 275

$X = \dfrac{275}{100}$

X = 2,75

O valor encontrado é a posição do primeiro quartil. Como temos um número decimal, arredondamos para o imediatamente superior, ou seja, vamos procurar o número da série ordenada que ocupe a posição 3.

Tabela 2.28 – Série ordenada e posição de cada dado

	6	7	15	36	39	40	41	42	43	47	49
Posição	1	2	3	4	5	6	7	8	9	10	11

Logo, o primeiro quartil é o número 15, que representa 25% do conjunto de dados. Aplicando a mesma lógica para encontrar o segundo e o terceiro quartis, precisamos alterar de 25% para 50% ou 75%, dependendo do quartil a ser calculado; então, encontramos Q2 = 40 e Q3 = 43.

Para uma distribuição de frequência por classe ou intervalo, o cálculo é muito próximo ao realizado na mediana por classe. A diferença está no cálculo da posição, que dividimos por 4, e temos de indicar o quartil a ser calculado, conforme os seguintes passos:

I. Encontrar o valor de N, que é igual à soma das frequências.
II. Calcular a posição = $\dfrac{N}{4} \cdot i$, em que i representa o quartil a ser calculado. Assim, i = 1, 2 ou 3.
III. Calcular a frequência acumulada (f_a).
IV. Identificar, na frequência acumulada, a posição calculada no passo II. Sempre buscar um valor igual ou maior que a posição calculada.
V. Calcular o quartil utilizando a fórmula:

$$Qi = Li + \dfrac{\left(\dfrac{N}{4} \cdot i - \sum f_{ant}\right)}{f_{Qi}} \cdot A$$

Exemplificando

Uma empresa realizou um levantamento para conhecer a distribuição dos salários de determinado departamento e obteve a distribuição de frequência relativa ao salário mínimo indicada na Tabela 2.29. Calcule o primeiro quartil.

Tabela 2.29 – Distribuição dos salários

Salários	f
0|---- 2	8
2|---- 4	12
4|---- 6	22
6|---- 8	26
8|---- 10	18
10|----12	15

Vamos somar as frequências para encontrar N, calcular a posição considerando $i = 1$, pois queremos o 1º quartil, e calcular a frequência acumulada:

N = 101

$$\text{Posição} = \frac{N}{4} \cdot i = \frac{101}{4} \cdot 1 = 25,25$$

Tabela 2.30 – Distribuição dos salários com frequência acumulada

Salários	f	f_a
0 |---- 2	8	8
2 |---- 4	12	20
4 |---- 6	22	42
6 |---- 8	26	68
8 |---- 10	18	86
10 |----12	15	101
	101	

Agora, precisamos identificar, na coluna da frequência acumulada, a posição 25,25, que está na classe 4 |---- 6, e aplicamos a fórmula:

$$Qi = Li + \frac{\left(\frac{N}{4} \cdot i - \sum f_{ant}\right)}{f_{Qi}} \cdot A$$

$$Q_1 = 4 + \frac{(25,25 - 20)}{22} \cdot 2$$

$$Q_1 = 4 + \frac{(5,25)}{22} \cdot 2 = 4 + 0,48 = 4,48$$

Concluímos que 25% dos funcionários desse departamento recebem até 4,48 salários mínimos.

Por sua vez, os **decis** permitem dividir a distribuição em 10 partes iguais e são representados por Di, em que i representa a ordem do decil (1, 2, 3, ..., 9).

No diagrama a seguir, verificamos que cada decil corresponde a 10% do conjunto de dados, pois dividimos 100% dos dados por 10, obtendo 10%. Assim, a cada decil acumulamos 10%.

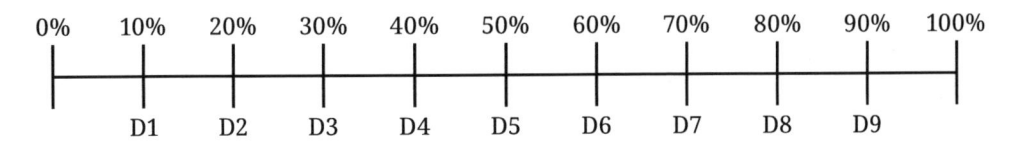

```
0%   10%  20%  30%  40%  50%  60%  70%  80%  90%  100%
 ├────┼────┼────┼────┼────┼────┼────┼────┼────┼────┤
      D1   D2   D3   D4   D5   D6   D7   D8   D9
```

Já os **percentis** permitem dividir a distribuição em 100 partes iguais e são representados por Pi, em que i representa a ordem do percentil (1, 2, 3, ..., 99).

No diagrama a seguir, verificamos que cada percentil corresponde a 1% do conjunto de dados, pois dividimos 100% dos dados por 100. Assim, a cada percentil acumulamos 1%.

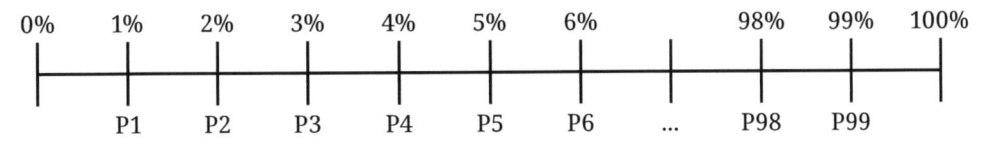

```
0%   1%   2%   3%   4%   5%   6%        98%  99%  100%
 ├────┼────┼────┼────┼────┼────┼────┼────┼────┼────┤
      P1   P2   P3   P4   P5   P6   ...  P98  P99
```

A estrutura de cálculo para os decis e os percentis é exatamente igual à dos quartis. Porém, há uma diferença no cálculo da posição, pois estamos falando de 10 partes ou 100 partes iguais.

Decis

Posição = $\dfrac{N}{10} \cdot i$, em que i representa o decil a ser calculado.

Assim, $i = 1, 2, ..., 9$.

$$D_i = L_i + \dfrac{\left(\dfrac{N}{10} \cdot i - \sum f_{ant}\right)}{f_{Di}} \cdot A$$

Percentis

Posição = $\dfrac{N}{100} \cdot i$, em que i representa o percentil a ser calculado.

Assim, $i = 1, 2, ..., 99$.

$$P_i = L_i + \dfrac{\left(\dfrac{N}{100} \cdot i - \sum f_{ant}\right)}{f_{Pi}} \cdot A$$

Exemplificando

Considere a distribuição de frequência a seguir e calcule o 8º decil e o percentil 90.

Tabela 2.31 – Distribuição dos salários

Salários	f	f_a
0|---- 2	8	8
2|---- 4	12	20
4|---- 6	22	42
6|---- 8	26	68
8|---- 10	18	86
10|----12	15	101
	101	

8º decil

Posição $= \dfrac{N}{10} \cdot i = \dfrac{101}{10} \cdot 8 = 80,80$

Classe: 8|---- 10

$D_8 = 8 + \dfrac{(80,80 - 68)}{18} \cdot 2$

$D_8 = 8 + 1,42 = 9,42$

Então, 80% dos funcionários desse departamento recebem até 9,42 salários mínimos.

Percentil 90

Posição $= \dfrac{N}{100} \cdot i = \dfrac{101}{100} \cdot 90 = 90,90$

Classe: 10|---- 12

$P_{90} = 10 + \dfrac{(90,90 - 86)}{15} \cdot 2$

$P_{90} = 10 + 0,65 = 10,65$

Então, 90% dos funcionários desse departamento recebem até 10,65 salários mínimos.

Síntese

Neste capítulo, verificamos a diferença entre cada medida de posição – média, mediana, moda e separatrizes –, bem como seus cálculos, suas aplicações e as interpretações dos resultados para dados não agrupados, distribuição de frequência e distribuição de frequência por classe.

Vimos que a média representa o grau de concentração dos valores numa distribuição. Já a mediana divide a série ao meio, e a moda representa o número que mais aparece no conjunto de dados. Para finalizar, examinamos a diferença entre quartil, decil e percentil, os quais dividem uma série em 4, 10 e 100 partes, respectivamente.

Questões para revisão

1. Com o aumento do preço do combustível, um estudo foi realizado com automóveis de mesmo ano e modelo, com o objetivo de observar seu consumo por litro de combustível. Obteve-se a distribuição indicada a seguir.

Tabela A – Consumo por litro de combustível

Km por litro	Número de veículos
8	19
9	21
10	5
11	3
12	2

Considerando os dados apresentados, quantos quilômetros em média um automóvel desse ano e modelo faz a cada litro de combustível?

a) 9,5.
b) 8.
c) 10.
d) 8,96.
e) 11.

2. Uma empresa quer conhecer qual é o número médio de atendimentos diários que faz em determinada área. Para obter esse valor, realizou uma pesquisa durante cinco dias da semana e obteve os dados indicados a seguir.

Tabela B – Número médio de atendimentos diários

Dia da semana	Total de atendimentos
Segunda	52
Terça	47
Quarta	38
Quinta	45
Sexta	53

Com base nos dados da tabela, qual é o número médio de atendimentos diários realizados pela área?
a) 117.
b) 60.
c) 120.
d) 47.
e) 50.

3. Os tempos despendidos por 12 alunos, em segundos, para percorrer certo trajeto, sem barreira, foram 16, 17, 16, 20, 18, 16, 17, 19, 21, 22, 16, 23. Qual é a mediana?
a) 17.
b) 17,5.
c) 16,5.
d) 18.
e) 18,5.

4. Uma empresa preocupada com a qualidade de seus produtos realizou uma pesquisa e verificou que o número de defeitos apresentados por determinado produto se distribui conforme a tabela a seguir. Qual é o número médio de defeitos apresentados por esse produto?

Tabela C – Número de defeitos apresentados por determinado produto

Nº de defeitos	Nº de produtos
0	32
1	29
2	11
3	4
4	3
5	1

5. Uma pesquisa foi realizada com 50 estudantes para conhecer a distribuição das idades desse grupo, obtendo-se a distribuição indicada a seguir. Com base nos dados apresentados, qual é a moda das idades?

Tabela D – Distribuição das idades de 50 estudantes

Idade	Estudantes
17	3
18	18
19	17
20	8
21	4
	50

6. Um funcionário fez um registro de sua produção em uma semana de trabalho. Ao fim desse período, chegou aos valores mostrados a seguir. Com base nos dados coletados, qual foi a produção média desse funcionário?

Tabela E – Produção semanal

Segunda	Terça	Quarta	Quinta	Sexta
10	9	11	12	8

7. A tabela a seguir demonstra a evolução da arrecadação do IPVA nos estados do Sul do Brasil entre 2002 e 2005.

Tabela F – Evolução da arrecadação do IPVA

Evolução da arrecadação de IPVA, em milhões de reais, nos estados do Sul do Brasil, de 2002 a 2005				
Estados	Anos			
	2002	2003	2004	2005
RS	135,50	146,80	152,30	150,90
SC	98,60	87,50	94,70	109,40
PR	110,80	112,90	121,50	138,70
Total	344,90	347,20	368,50	399,00

Com base nessas informações, determine:

a) A média da arrecadação por estado entre os anos de 2002 e 2005.

b) O estado que apresentou a maior média.

c) O estado que apresentou a menor média.

8. Considere a distribuição de frequência por classe a seguir e calcule:
a) Quartil 3
b) Percentil 10

Classes	f
70 |--- 90	10
90 |--- 110	20
110 |--- 130	50
130 |--- 150	60
150 |--- 170	30
170 |--- 190	20
190 |--- 210	10
Total	200

Questões para reflexão

1. Uma amostra de 10 metais foi analisada para determinar a densidade, obtendo-se os resultados a seguir. Com base nos resultados apresentados, determine a densidade média.

   19,0 19,4 19,2 18,9 19,5
   19,1 19,0 18,8 18,9 19,42

2. Com o objetivo de avaliar uma linha de produção, foram analisados 50 operários quanto ao tempo para execução de determinada tarefa, obtendo-se os resultados a seguir.

Tempo (min)	f
1	14
2	12
3	10
4	8
5	6

   Com base nesses dados, calcule:
   a) O tempo médio para executar a tarefa.
   b) O tempo mediano para executar a tarefa.
   c) O tempo modal para executar a tarefa.

Para saber mais

Para se aprofundar nos assuntos tratados neste capítulo, consulte a referência indicada a seguir.

WALPOLE, R. et al. **Probabilidade e estatística para engenharia e ciências**. São Paulo: Pearson, 2009.

capítulo

3

Conteúdos do capítulo

- Medidas de dispersão.
- Amplitude total.
- Desvio médio.
- Variância e desvio padrão.

Após o estudo deste capítulo, você será capaz de:

1. calcular as principais medidas de dispersão;
2. interpretar os resultados obtidos em cada medida de dispersão.

Medidas de dispersão

No Capítulo 2, tratamos das medidas de posição, nas quais um único valor apresenta uma ideia de todo o conjunto; porém, essas medidas não descrevem detalhadamente o comportamento dos dados. Dessa forma, podemos utilizar as medidas de dispersão para complementar nossas análises e tomar decisões mais assertivas. Entre as medidas de dispersão, veremos a amplitude total, o desvio médio, a variância e o desvio padrão.

3.1
Medidas de dispersão

As medidas de dispersão indicam o grau de variação existente entre os dados, ou seja, se os valores apresentados estão dispersos ou afastados um dos outros.

Segundo Castanheira (2010), as medidas de dispersão são medidas utilizadas para avaliar o quanto os valores encontrados em uma pesquisa estão dispersos ou afastados em relação à média e servem para verificar com que confiança as medidas de posição resumem as informações fornecidas pelos dados obtidos em uma pesquisa.

Essas medidas servem para indicar o quanto os dados se apresentam dispersos em torno da região central. Portanto, caracterizam o grau de variação existente em um conjunto de valores e apontam se estes estão relativamente próximos uns dos outros ou separados, mediando a representatividade da média.

Exemplificando

Vamos considerar, conforme a Tabela 3.1, o valor de um equipamento nos últimos cinco meses.

Tabela 3.1 – Valor de um equipamento nos últimos cinco meses

Mês	Valor
1	500
2	1 500
3	1 800
4	2 200
5	2 500

Se calcularmos a média, teremos um valor médio de R$ 1 700. Contudo, analisando os valores apresentados na tabela, percebemos que há valores diferentes, abaixo e acima da média calculada, ou seja, existe uma dispersão. Mas qual é essa variação? Para responder a essa questão, utilizaremos as medidas de dispersão, pois só as medidas de posição não são conclusivas.

Agora, vamos considerar o tempo de produção, em segundos, que dois operários (A e B) levaram para executar determinada tarefa:

A: 20, 20, 20, 20, 20
B: 15, 10, 20, 25, 30

Ao calcularmos a média dos tempos, obtemos média igual a 20 para os dois operários. Porém, analisando os valores, vemos que o operário A não apresenta variação entre os tempos; já o operário B executou em tempos diferentes, ou seja, a média é de 20 segundos e encontramos tempo de 10 e 30 segundos. Logo, os valores apresentam dispersão em torno da média.

Na sequência, vamos estudar as principais medidas de dispersão, que são a amplitude total, o desvio médio, a variância e o desvio padrão.

3.1.1 Amplitude total

A amplitude total é considerada a medida de dispersão mais simples e é calculada pela diferença entre o maior e o menor valor de uma série de dados:

A = maior – menor

Se o resultado encontrado para a amplitude for um número elevado, isso significa que os valores da série estarão afastados uns dos outros. Caso o valor encontrado seja baixo, os valores da série estarão próximos uns dos outros. Dessa forma, quanto maior for a amplitude, maior será a dispersão dos valores.

Segundo Castanheira (2010), no caso de os dados estarem agrupados em classes, o cálculo da amplitude total pode ser realizado de duas formas:

1. **Pelos pontos médios das classes**: a amplitude total é igual ao ponto médio da última classe menos o ponto médio da primeira classe.
2. **Pelos limites das classes**: a amplitude total é igual ao limite superior da última classe menos o limite inferior da primeira classe.

A amplitude total apresenta algumas restrições, pois considera apenas os valores extremos da série, desprezando os valores intermediários. Conforme Martins (2010), a utilização da amplitude total como medida de dispersão é limitada, pois, sendo uma medida que depende apenas dos valores extremos, não capta possíveis variações entre seus limites.

–Exercícios resolvidos

1. Considere os seguintes valores: 40, 45, 48, 62 e 70. Calcule a amplitude total.

Resolução:
Para encontrarmos a amplitude, precisamos do maior valor e do menor valor para, depois, efetuar a diferença:

Maior valor = 70
Menor valor = 40
Amplitude = 70 – 40 = 30

2. Qual é a amplitude do preço pago por um equipamento eletrônico nos últimos cinco meses?

Tabela 3.2 – Preço de um equipamento eletrônico nos últimos cinco meses

Mês	Valor
1	500
2	1 500
3	1 800
4	2 200
5	2 500

Resolução:
Maior valor = 2.500
Menor valor = 500
Amplitude = 2.500 – 500 = 2.000

3. Qual é a amplitude das alturas da distribuição indicada a seguir?

Tabela 3.3 – Distribuição de frequência das alturas de um grupo de 40 pessoas

Altura (cm)	Frequência (f)
150 |--- 154	4
154 |--- 158	9
158 |--- 162	11
162 |--- 166	8
166 |--- 170	5
170 |--- 174	3
Total	40

Resolução:
Vamos calcular a amplitude considerando as duas formas citadas anteriormente.

a. Pontos médios das classes

Para calcularmos a amplitude total, precisamos encontrar o ponto médio da última classe e o ponto médio da primeira classe para, depois, efetuar a diferença. Lembre-se de que o ponto médio é calculado pela fórmula:

$$Pm = \frac{Ls + Li}{2}$$

Ponto médio da última classe:

$$Pm = \frac{174 + 170}{2} = \frac{344}{2} = 172$$

Ponto médio da primeira classe:

$$Pm = \frac{154 + 150}{2} = \frac{304}{2} = 152$$

Amplitude = 172 − 152 = 20 cm

b. Limites das classes

Para calcularmos a amplitude total, precisamos encontrar o limite superior da última classe e o limite inferior da primeira classe para, depois, efetuar a diferença:

Limite superior da última classe = 174
Limite inferior da primeira classe = 150
Amplitude = 174 − 150 = 24 cm

Vimos que a amplitude total é a medida de dispersão mais simples, mas apresenta algumas restrições. Dessa forma, podemos utilizar outras medidas, como o desvio médio, que abordaremos no próximo tópico.

3.1.2 Desvio médio

O desvio médio é uma medida de dispersão que analisa a média dos desvios em torno da média de cada um dos valores da série. É calculado pela média dos valores absolutos dos desvios e representa a média das distâncias entre cada elemento da amostra e seu valor médio.

Chamamos *Dm* o desvio médio e o calculamos pela fórmula:

$$Dm = \frac{\sum |x - \bar{x}| \cdot f}{N}$$

em que:

x = dados

$\bar{x}$ = média

$|x - \bar{x}|$ = módulo de cada desvio em relação à média

N = soma das frequências

O módulo (| |) utilizado no cálculo do desvio médio tem a função de tornar o número positivo. Assim, se a diferença entre o dado e a média resultar em um número negativo, ao retirar o módulo, ele ficará positivo; se for originalmente positivo, continuará positivo.

Como o desvio médio verifica o afastamento em relação à média, o primeiro passo é calcular a média. Aplicamos, depois, a fórmula para encontrar o desvio médio.

Exemplificando

Considere os dados a seguir, os quais representam a quantidade de anos de vida útil de um equipamento eletrônico, e determine o desvio médio:

3 7 8 10 11

Para calcularmos o desvio médio, vamos calcular primeiramente a média. Lembre-se de que obtemos a média em dados não agrupados quando somamos todos os valores e os dividimos pelo número de observações:

$$\bar{X} = \frac{\sum X}{N}$$

$$\bar{X} = \frac{3+7+8+10+11}{5} = \frac{39}{5} = 7,8$$

O segundo passo é aplicar a fórmula do desvio médio:

$$Dm = \frac{\sum |x - \bar{x}| \cdot f}{N}$$

$$Dm = \frac{|3-7,8|1 + |7-7,8|1 + |8-7,8|1 + |10-7,8|1 + |11-7,8|1}{5}$$

Como você pode verificar, primeiro calculamos o desvio de cada valor em relação à média, ou seja, cada valor menos a média, que é 7,8. Multiplicamos os valores encontrados pela frequência, que é o número de vezes que o valor aparece. Considerando o primeiro valor, que é 3, temos |3 − 7,8|.1, ou seja, o número 3 menos a média, que é 7,8, vezes 1, pois o número 3 aparece apenas uma vez. Repetimos esse processo para cada valor da série, somamos e, depois, dividimos por 5, que é o número de observações, ou seja, a quantidade de dados apresentados.

Resolvendo a subtração dentro de cada módulo, temos:

$$Dm = \frac{|-4,8|1 + |-0,8|1 + |0,2|1 + |2,2|1 + |3,2|1}{5}$$

Agora, precisamos retirar os valores do módulo. Lembre-se de que, se o número for positivo, ele continuará positivo; se for negativo, ficará positivo. Assim:

$$Dm = \frac{4,8 \cdot 1 + 0,8 \cdot 1 + 0,2 \cdot 1 + 2,2 \cdot 1 + 3,2 \cdot 1}{5}$$

Multiplicamos os valores pela frequência, somamos e dividimos por 5:

$$Dm = \frac{4,8 + 0,8 + 0,2 + 2,2 + 3,2}{5}$$

$$Dm = \frac{11,2}{5} = 2,24$$

Esse resultado indica que, em média, a vida útil desse equipamento eletrônico se desvia em 2,24 anos em torno da média, que é de 7,8 anos.

–Exercício resolvido

Em determinado dia, foram registradas as quantidades de defeitos encontrados em 10 amostras de produtos retiradas de uma máquina, como mostra a Tabela 3.4. Calcule o desvio médio.

Tabela 3.4 – Número de defeitos em 10 amostras

Defeitos (x)	Amostras (f)
1	1
2	3
3	5
4	1

Resolução:

O primeiro passo é o cálculo da média. Lembre-se de que, neste exemplo, temos uma distribuição de frequência e que a média é calculada pela fórmula:

$$\bar{X} = \frac{\sum X \cdot f}{N}$$

Tabela 3.5 – Cálculo da média do número de defeitos de 10 amostras

Defeitos (x)	Amostras (f)	$X \cdot f$
1	1	1
2	3	6
3	5	15
4	1	4
Total	10	26

$$\bar{X} = \frac{26}{10} = 2,6$$

Com o valor da média, calculamos o desvio em relação à média de cada valor apresentado na tabela. Para facilitar, vamos incluir uma nova coluna na tabela, identificando o cálculo |x – média|. Assim, para o primeiro valor da tabela, temos: |1 – 2,6| = |–1,6| = 1,6. Seguimos esse mesmo processo para os demais valores da tabela.

Tabela 3.6 – Cálculo do desvio do número de defeitos de 10 amostras

Defeitos (x)	Amostras (f)	|x – média|
1	1	|1 – 2,6| = |–1,6| = 1,6
2	3	|2 – 2,6| = |–0,6| = 0,6
3	5	|3 – 2,6| = |0,4| = 0,4
4	1	|4 – 2,6| = |1,4| = 1,4
Total	10	

Encontrados os valores dos desvios, devemos multiplicar esses valores pelas respectivas frequências. Assim, vamos incluir mais uma coluna: |x – média|· f. Para o primeiro valor, temos: 1,60 · 1 = 1,60. Seguimos esse processo para os demais valores da tabela e, depois, somamos todos os valores encontrados.

Tabela 3.7 – Cálculo do desvio vezes a frequência do número de defeitos de 10 amostras

Defeitos (x)	Amostras (f)	|x – média|	|x – média| · f
1	1	|1 – 2,6| = |–1,6| = 1,6	1,6 · 1 = 1,6
2	3	|2 – 2,6| = |–0,6| = 0,6	0,6 · 3 = 1,8
3	5	|3 – 2,6| = |0,4| = 0,4	0,4 · 5 = 2
4	1	|4 – 2,6| = |1,4| = 1,4	1,4 · 1 = 1,4
Total	10		6,8

Por fim, aplicamos a fórmula do desvio médio:

$$Dm = \frac{\sum |x - \bar{x}| \cdot f}{N}$$

$$Dm = \frac{6,80}{10} = 0,68$$

A quantidade de defeitos por cada amostra tem um desvio médio de 0,68 em torno dos 2,6 defeitos em média.

Quando os dados estão agrupados em classes ou intervalos, para calcularmos o desvio médio, substituímos o x da fórmula pelo ponto médio de cada classe (Pm):

$$Dm = \frac{\sum |x - \bar{x}| \cdot f}{N} \rightarrow Dm = \frac{\sum |Pm - \bar{x}| \cdot f}{N}$$

Dessa forma, para fazermos o cálculo do desvio médio em uma distribuição de frequência por classe, devemos considerar os seguintes passos:

I. Calcular o ponto médio de cada classe: $Pm = \dfrac{Ls + Li}{2}$

II. Calcular a média: $\bar{X} = \dfrac{\sum Pm \cdot f}{N}$

III. Calcular o desvio em relação à média: $\sum |Pm - \bar{x}|$

IV. Calcular o desvio médio: $Dm = \dfrac{\sum |Pm - \bar{x}| \cdot f}{N}$

-Exercício resolvido

A distribuição de frequência da Tabela 3.8 representa as notas obtidas por uma turma em um teste realizado na disciplina de Probabilidade e Estatística. Calcule o desvio médio.

Tabela 3.8 – Notas de um teste da disciplina de Probabilidade e Estatística

Notas	Alunos
35 |--- 45	5
45 |--- 55	12
55 |--- 65	18
65 |--- 75	14
75 |--- 85	6
85 |--- 95	3
Total	58

Resolução:

O primeiro passo é calcular o ponto médio de cada classe. Considerando a primeira classe, temos:

$$Pm = \dfrac{45 + 35}{2} = 40$$

Seguindo o mesmo processo para as demais classes, obtemos a tabela a seguir.

Tabela 3.9 – Cálculo do ponto médio

Notas	Alunos	Pm
35 |--- 45	5	40
45 |--- 55	12	50
55 |--- 65	18	60
65 |--- 75	14	70
75 |--- 85	6	80
85 |--- 95	3	90
Total	58	

No próximo passo, calculamos a média da distribuição de frequência utilizando esta fórmula:

$$\bar{X} = \frac{\sum Pm \cdot f}{N}$$

Tabela 3.10 – Cálculo da média

Notas	Alunos	Pm	Pm · f
35 |--- 45	5	40	200
45 |--- 55	12	50	600
55 |--- 65	18	60	1 080
65 |--- 75	14	70	980
75 |--- 85	6	80	480
85 |--- 95	3	90	270
Total	58		3 610

$$\bar{X} = \frac{3610}{58} = 62,24$$

Encontrada a média, precisamos calcular os desvios em relação a esse valor. Para primeira classe, temos:

$$\sum |Pm - \bar{x}| \cdot f$$

$|40 - 62,24| \cdot 5$
$|{-22,24}| \cdot 5 = 22,24 \cdot 5 = 111$

Seguindo esse cálculo para as demais classes e somando os valores obtidos, obtemos a tabela a seguir.

Tabela 3.11 – Cálculo do desvio médio

Notas	Alunos	Pm	|Pm – média|	|Pm – média| · f
35 |--- 45	5	40	22,24	111,20
45 |--- 55	12	50	12,24	146,88
55 |--- 65	18	60	2,24	40,32
65 |--- 75	14	70	7,76	108,64
75 |--- 85	6	80	17,76	106,56
85 |--- 95	3	90	27,76	83,28
Total	**58**			**596,88**

Por fim, aplicamos a fórmula do desvio médio:

$$Dm = \frac{\sum |Pm - \bar{x}| \cdot f}{N}$$

$$Dm = \frac{596,88}{58} = 10,29$$

A nota de cada aluno apresenta uma distância de 10,29 pontos em torno do desempenho médio, que foi de 62,24 pontos.

3.1.3 Variância e desvio padrão

A dispersão dos dados também pode ser calculada utilizando-se os quadrados dos desvios médios. Segundo Castanheira (2010), à média aritmética dos quadrados dos desvios damos o nome de **variância**, a qual pode ser calculada de duas formas, considerando-se uma população ou uma amostra.

População:

$$S^2 = \frac{\sum (x - \bar{x})^2 \cdot f}{N}$$

Amostra:

O denominador deve ser (N – 1), ou seja:

$$S^2 = \frac{\sum (x - \bar{x})^2 \cdot f}{N-1}$$

em que:

x = dados
$\bar{x}$ = média do conjunto de dados
f = frequência com que o dado aparece
N = número de observações

Para uma distribuição de frequência por classe ou intervalos, substituímos na fórmula da variância o valor de x pelo ponto médio (Pm) de cada classe. Dessa forma, o primeiro passo é o cálculo do ponto médio para, depois, calcular a média e a variância.

População:
$$S^2 = \frac{\sum (Pm - \bar{x})^2 \cdot f}{N}$$

Amostra:
$$S^2 = \frac{\sum (Pm - \bar{x})^2 \cdot f}{N-1}$$

Ao analisarmos o resultado da variância, observamos que, quanto maior for seu valor, mais distantes da média estarão os dados e, quanto menor for, mais próximos da média eles estarão. Ou seja, se os desvios forem baixos, haverá pouca dispersão; se forem altos, haverá elevada dispersão.

De acordo com Martins (2010), para melhor interpretarmos a dispersão de uma variável, calculamos a raiz quadrada da variância, obtendo, assim, o desvio padrão. O desvio padrão também pode ser calculado para uma população ou uma amostra:

População:
$$S = \sqrt{\frac{\sum (x - \bar{x})^2 \cdot f}{N}}$$

Amostra:
$$S = \sqrt{\frac{\sum (x - \bar{x})^2 \cdot f}{N-1}}$$

Podemos utilizar as fórmulas vistas anteriormente ou então calcular a variância e, depois, tirar a raiz quadrada, pois:

$$S = \sqrt{S^2}$$

No desvio padrão, obtemos valores altos sempre que ocorrem mudanças consideráveis nos dados analisados e valores baixos quando os dados são mais estáveis. Segundo Martins (2010), quanto maior for o desvio padrão, maiores serão a dispersão e a amplitude total da distribuição.

Exemplificando

Uma amostra de 5 funcionários foi analisada para se conhecer o tempo de serviço na área produtiva, obtendo-se os resultados a seguir. Determine a variância e o desvio padrão desse conjunto de dados.

3 7 8 10 11

O primeiro passo é calcular a média. Lembre-se de que, para dados não agrupados, somamos os dados e os dividimos pela quantidade de observações:

$$\overline{X} = \frac{\sum X}{N}$$

$$\overline{X} = \frac{3+7+8+10+11}{5} = \frac{39}{5} = 7,8$$

Depois de encontrada a média, calculamos a variância para uma amostra, conforme o enunciado. Logo:

$$S^2 = \frac{\sum (x - \overline{x})^2 \cdot f}{N-1}$$

$$S^2 = \frac{(3-7,8)^2 \cdot 1 + (7-7,8)^2 \cdot 1 + (8-7,8)^2 \cdot 1 + (10-7,8)^2 \cdot 1 + (11-7,8)^2 \cdot 1}{5-1}$$

$$S^2 = \frac{(-4,8)^2 \cdot 1 + (-0,8)^2 \cdot 1 + (0,2)^2 \cdot 1 + (2,2)^2 \cdot 1 + (3,2)^2 \cdot 1}{4}$$

$$S^2 = \frac{23,04 \cdot 1 + 0,64 \cdot 1 + 0,04 \cdot 1 + 4,84 \cdot 1 + 10,24 \cdot 1}{4}$$

$$S^2 = \frac{23,04 + 0,64 + 0,04 + 4,84 + 10,24}{4}$$

$$S^2 = \frac{38,80}{4} = 9,7$$

Por fim, calculamos o desvio padrão tirando a raiz quadrada da variância:

$$S = \sqrt{S^2} = \sqrt{9,7} = 3,11$$

-Exercícios resolvidos

1. Com base nos dados a seguir, calcule a variância e o desvio padrão considerando uma população.

   40 45 48 52 54 62 70

Resolução:

Vamos calcular a média desse conjunto de dados:

$$\overline{X} = \frac{40+45+48+52+54+62+70}{7} = \frac{371}{7} = 53$$

Depois de encontrada a média, calculamos a variância para uma população, conforme o enunciado. Assim:

$$S^2 = \frac{\sum (x-\overline{x})^2 \cdot f}{N}$$

$$S^2 = \frac{(40-53)^2 \cdot 1 + (45-53)^2 \cdot 1 + (48-53)^2 \cdot 1 + (52-53)^2 \cdot 1 + (54-53)^2 \cdot 1 + (62-53)^2 \cdot 1 + (70-53)^2 \cdot 1}{7}$$

$$S^2 = \frac{169+64+25+1+1+81+289}{7}$$

$$S^2 = \frac{630}{7} = 90$$

Por fim, calculamos o desvio padrão tirando a raiz quadrada da variância:

$$S = \sqrt{S^2} = \sqrt{90} = 9,4868$$

2. Em determinado dia, foram registradas as quantidades de defeitos encontrados em 10 amostras de produtos retirados de uma máquina, como indica a Tabela 3.12. Calcule a variância e o desvio padrão.

Tabela 3.12 – Número de defeitos em 10 amostras

Defeitos (x)	Amostras (f)
1	1
2	3
3	5
4	1

Resolução:

O primeiro passo é o cálculo da média. Lembre-se de que, neste exemplo, temos uma distribuição de frequência. Assim, a média é calculada pela fórmula:

$$\overline{X} = \frac{\sum X \cdot f}{N}$$

Tabela 3.13 – Cálculo da média do número de defeitos em 10 amostras

Defeitos (x)	Amostras (f)	x · f
1	1	1
2	3	6
3	5	15
4	1	4
Total	10	26

$$\overline{X} = \frac{26}{10} = 2{,}6$$

Em seguida, calculamos o quadrado dos desvios em relação à média e multiplicamos o valor encontrado pela respectiva frequência, como indica a tabela a seguir.

Tabela 3.14 – Cálculo da variância do número de defeitos em 10 amostras

Defeitos (x)	Amostras (f)	(x – média)²	(x – média)² · f
1	1	(1 – 2,6)² = 2,56	2,56 · 1 = 2,56
2	3	(2 – 2,6)² = 0,36	0,36 · 3 = 1,08
3	5	(3 – 2,6)² = 0,16	0,16 · 5 = 0,80
4	1	(4 – 2,6)² = 1,96	1,96 · 1 = 1,96
Total	10		6,4

Somamos o valor encontrado em (x –média)² · f e aplicamos a fórmula da variância para uma amostra, obtendo o seguinte valor:

$$S^2 = \frac{\sum (x - \overline{x})^2 \cdot f}{N - 1}$$

$$S^2 = \frac{6{,}4}{10 - 1} = \frac{6{,}4}{9} = 0{,}71$$

Tiramos, então, a raiz quadrada da variância para encontrar o desvio padrão:

$$S = \sqrt{S^2} = \sqrt{0,71} = 0,84$$

3. Foi realizada uma verificação no peso de 78 produtos e obteve-se a distribuição indicada na Tabela 3.15. Calcule a variância e o desvio padrão considerando que os dados representam uma população.

Tabela 3.15 – Distribuição de frequência do peso de 78 produtos

Pesos	f
2 ⊢--- 6	6
6 ⊢--- 10	12
10 ⊢--- 14	24
14 ⊢--- 18	30
18 ⊢--- 22	6
Total	78

Resolução:
Temos, neste exemplo, uma distribuição de frequência por classe e iniciamos com o cálculo do ponto médio (*Pm*) e a média da distribuição:

$$\bar{X} = \frac{\sum Pm \cdot f}{N}$$

Tabela 3.16 – Cálculo da média do peso de 78 produtos

Pesos	f	Pm	Pm · f
2 ⊢--- 6	6	4	24
6 ⊢--- 10	12	8	96
10 ⊢--- 14	24	12	288
14 ⊢--- 18	30	16	480
18 ⊢--- 22	6	20	120
Total	78		1008

$$\bar{X} = \frac{1008}{78} = 12,92$$

Agora, calculamos os desvios (Pm − $\bar{x}$)² e multiplicamos o resultado pela frequência. Para a primeira classe, temos:

(4 − 12,92)² = (−8,92)² = 79,57
79,57 · 6 = 477,40

Seguindo o mesmo processo para as demais classes e somando os valores obtidos, chegamos na tabela a seguir.

Tabela 3.17 – Cálculo da variância do peso de 78 produtos

Pesos	f	Pm	(Pm − média)²	(Pm − média)² · f
2 |--- 6	6	4	79,57	477,40
6 |--- 10	12	8	24,21	290,48
10 |--- 14	24	12	0,85	20,31
14 |--- 18	30	16	9,49	284,59
18 |--- 22	6	20	50,13	300,76
Total	78			1373,54

Agora, vamos calcular a variância da população:

$$S^2 = \frac{\sum (Pm - \bar{x})^2 \cdot f}{N}$$

$$S^2 = \frac{1373,54}{78} = 17,61$$

Para calcularmos o desvio padrão, vamos tirar a raiz quadrada da variância:

$$S = \sqrt{17,61} = 4,2$$

Ao analisarmos o resultado do desvio padrão, podemos considerar o valor pequeno para uma média e para outra extremamente grande. Se encontrarmos um desvio padrão de 40, esse valor poderá ser considerado pequeno para uma média de 30; porém, se a média for 4, o desvio se tornará muito grande. Para reduzirmos essa limitação encontrada no calculo do desvio padrão, podemos utilizar o coeficiente de variação.

O QUE É

De acordo com Martins (2010), o **coeficiente de variação** é uma medida relativa de dispersão. É definido como o quociente entre o desvio padrão e a média, multiplicado por 100, ou seja, o coeficiente de variação é o desvio padrão em porcentagem da média:

$$CV = \frac{S}{\overline{x}} \cdot 100$$

Utilizamos algumas regras empíricas para interpretar o coeficiente de variação:
- CV < 15%: baixa dispersão.
- 15% ≤ CV < 30%: média dispersão.
- CV ≥ 30%: elevada dispersão.

Segundo Prates (2017), podemos classificar as distribuições em homogêneas ou heterogêneas. A **distribuição homogênea** tem coeficiente de variação com baixa ou média dispersão (até 30% de variação); já a **distribuição heterogênea** tem coeficiente de variação com elevada dispersão (acima de 30% de variação). Uma distribuição homogênea apresenta valores parecidos, mais próximos, enquanto em uma distribuição heterogênea os valores são bem diferentes.

Exemplificando

Em determinada empresa, no Departamento A, o salário médio é de R$ 4.000, com desvio padrão de R$ 1.500; já no Departamento B, o salário médio é de R$ 3.000, com desvio padrão de R$ 1.200. Calcule o coeficiente de variação.

Departamento A:

$$CV = \frac{S}{\overline{x}} \cdot 100$$

$$CV = \frac{1500}{4000} \cdot 100 = 0{,}375 \cdot 100 = 37{,}5\%$$

Departamento B:

$$CV = \frac{1200}{3000} \cdot 100 = 0{,}4 = 40\%$$

> Os salários do Departamento B têm dispersão relativa maior do que os do Departamento A, e os dois departamentos apresentam elevada dispersão, caracterizando uma distribuição heterogênea, ou seja, há grande diferença entre os salários praticados em cada departamento.

Como vimos, as medidas de dispersão verificam o grau de variação existente entre os dados e podem ser utilizadas para complementar as medidas de posição, auxiliando nas análises e na tomada de decisão. Entre as medidas estudadas, o desvio padrão é a medida de dispersão mais empregada na prática.

–Síntese

Neste capítulo, verificamos a diferença entre cada medida de dispersão: amplitude, desvio médio, variância e desvio padrão. Abordamos seus cálculos e as aplicações para dados não agrupados, distribuição de frequência e distribuição de frequência por classe.

Vimos que a amplitude considera apenas os valores extremos, pois é a diferença entre o maior e o menor valor. Por sua vez, o desvio médio envolve a média dos valores absolutos dos desvios, enquanto a variância e o desvio padrão consideram os quadrados dos desvios médios.

–Questões para revisão

1. As medidas de dispersão são medidas utilizadas para verificar o quanto os valores de uma pesquisa estão dispersos ou afastados em relação à média. Entre as medidas, podemos citar a amplitude, o desvio médio, a variância e o desvio padrão. Com base nesses conceitos, analise as afirmações a seguir e marque V para as verdadeiras e F para as falsas:
   ( ) Amplitude é o maior valor de uma série de dados.
   ( ) Variância é a média do quadrado dos desvios.
   ( ) O desvio padrão é igual à raiz quadrada da variância.
   ( ) O desvio médio considera os valores extremos de uma distribuição.

Agora, assinale a alternativa que apresenta a sequência correta:
a) V, F, F, F.
b) F, F, V, V.
c) F, V, V, F.
d) V, V, V, F.
e) F, V, F, V.

2. Uma amostra de 10 metais foi analisada para determinar a densidade, obtendo os seguintes resultados:

19,0 19,4 19,2 18,9 19,5
19,1 19,0 18,8 18,9 19,4

a) Determine a amplitude total.
b) Determine a variância.
c) Determine o desvio padrão.

3. A tabela a seguir é o resultado de uma pesquisa realizada entre os funcionários de uma empresa de exportação e importação de produtos eletrônicos, com o objetivo de verificar os salários nesse segmento de trabalho. Determine o desvio padrão supondo que os dados correspondem à população.

Tabela A – Distribuição de frequência dos salários

Salários	Funcionários
1 |--- 2	1
2 |--- 3	4
3 |--- 4	6
4 |--- 5	5
5 |--- 6	6
6 |--- 7	10
7 |--- 8	9
8 |--- 9	6
9 |--- 10	3

4. Uma empresa com 140 clientes realizou uma pesquisa e obteve a distribuição a seguir em relação à faixa salarial (salários mínimos) de seus clientes. Determine o desvio médio.

Tabela B – Faixa salarial (salários mínimos) dos clientes

Faixa salarial	Clientes
5 |--- 10	10
10 |--- 15	17
15 |--- 20	25
20 |--- 25	35
25 |--- 30	21
30 |--- 35	18
35 |--- 40	14
Total	140

5. As medidas de dispersão verificam o grau de variação existente entre os dados, indicando se os valores apresentados estão dispersos ou afastados uns dos outros. A seguir, relacione as medidas de dispersão às respectivas características e, depois, assinale a alternativa que apresenta a sequência correta.
(1) Amplitude total
(2) Desvio médio
(3) Variância
(4) Desvio padrão

( ) Analisa a média dos desvios em torno da média de cada um dos valores da série e é calculado pela média aritmética dos valores absolutos dos desvios.
( ) É a média aritmética dos quadrados dos desvios.
( ) É calculada pela diferença entre o maior e o menor valor de uma série de dados.
( ) É definido como a raiz quadrada da variância.

a) 3 – 1 – 2 – 4.
b) 1 – 2 – 3 – 4.
c) 2 – 3 – 4 – 1.
d) 4 – 1 – 2 – 3.
e) 2 – 3 – 1 – 4.

6. O cálculo da amplitude total pode ser realizado de duas formas, quando os dados estão agrupados em classes ou intervalos. Considerando o cálculo da amplitude pelos limites das classes, assinale a alternativa que apresenta corretamente a amplitude total da distribuição a seguir.

Classes	f_i
148 |- 153	3
153 |- 158	5
158 |- 163	7
163 |- 168	13
168 |- 173	9
173 |- 178	3
Total	40

a) 14.
b) 15.
c) 30.
d) 12.
e) 20.

-Questões para reflexão-

1. Uma pesquisa foi realizada em uma empresa para medir o consumo médio de energia de suas máquinas, obtendo-se a seguinte distribuição de frequência:

Consumo (kw/h)	Máquinas
68	7
72	9
76	14
80	14
84	3
88	1

Com base nos dados apresentados, calcule a amplitude e o desvio médio.

2. Considerando a distribuição de frequência indicada na questão 1, calcule o desvio padrão e interprete o resultado obtido.

> **Para saber mais**
>
> Para se aprofundar nos assuntos tratados neste capítulo, consulte os materiais indicados a seguir.
>
> CAP SISTEMA. **Desvio médio, desvio padrão e variação no processamento de sinais**. 5 nov. 2020. Disponível em: <https://capsistema.com.br/index.php/2020/11/05/desvio-medio-desvio-padrao-e-variacao-no-processamento-de-sinais>. Acesso em: 30 out. 2021.
>
> RIBEIRO, A. G. Medidas de dispersão: variância e desvio padrão. **Brasil Escola**. Disponível em: <http://brasilescola.uol.com.br/matematica/medidas-dispersao-variancia-desvio-padrao.htm>. Acesso em: 30 out. 2021.

capítulo 4

Conteúdos do capítulo

- Medidas de assimetria.
- Medidas de curtose.

Após o estudo deste capítulo, você será capaz de:

1. calcular e interpretar as principais medidas de assimetria;
2. calcular e interpretar as principais medidas de curtose.

Medidas de assimetria e curtose

No Capítulo 3, abordamos as medidas de dispersão, que são utilizadas para avaliar o grau de variabilidade dos valores em torno da média. Neste capítulo, vamos tratar das medidas de assimetria e curtose.

A assimetria complementa as medidas de posição e dispersão, pois amplia a compreensão das distribuições de frequência, visto que estas também se diferenciam quanto à forma. Já a curtose indica o grau de achatamento ou afilamento de uma distribuição de frequência.

4.1
Medidas de assimetria

De acordo com Castanheira (2010), a média corresponde ao centro de gravidade dos dados; por sua vez, a variância e o desvio padrão medem a variabilidade. Porém, a distribuição dos pontos sobre um eixo ainda tem outras características, as quais podem ser medidas, e uma delas é a assimetria.

> **O QUE É**
> Definimos **assimetria** como o grau de afastamento de uma distribuição da unidade de simetria, indicando o grau de deformação de uma curva de frequência.

Quando uma distribuição é simétrica, observamos a igualdade entre os valores da média, da mediana e da moda, conforme ilustra a figura a seguir.

Figura 4.1 – Distribuição simétrica

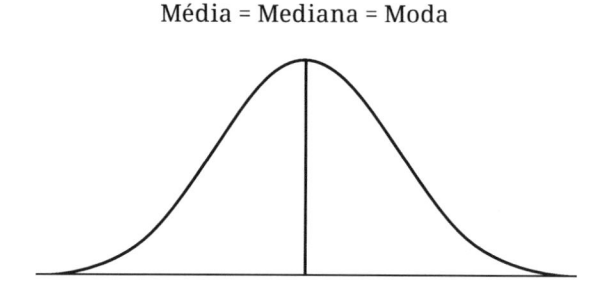

Média = Mediana = Moda

Uma distribuição assimétrica pode ser **assimétrica positiva** (assimétrica à direita) ou **assimétrica negativa** (assimétrica à esquerda).

Em uma distribuição assimétrica positiva, a média é maior que a mediana e a moda, ou seja, $\bar{X} > Md > Mo$, conforme indicado na figura.

Figura 4.2 – Distribuição assimétrica positiva ou à direta

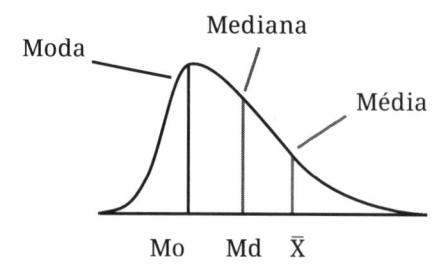

Moda   Mediana   Média

Mo   Md $\bar{X}$

Na distribuição assimétrica negativa, a média é menor que a mediana e a moda. Assim, $\bar{X} < Md < Mo$, conforme indicado na Figura 4.3.

Figura 4.3 – Distribuição assimétrica negativa ou à esquerda

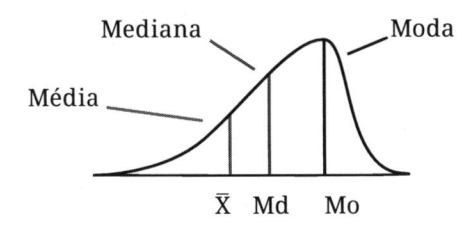

Existem várias fórmulas para o cálculo do coeficiente de assimetria. Entre eles, o coeficiente de assimetria de Pearson.

O **1º coeficiente de assimetria de Pearson** é calculado por:

$$A_s = \frac{\overline{X} - Mo}{S}$$

em que:
$\overline{X}$ = média
Mo = moda
S = desvio padrão

Além do 1º coeficiente, podemos calcular o **2º coeficiente de Pearson** aplicando a seguinte fórmula:

$$A_s = \frac{3 \cdot (\overline{X} - Md)}{S}$$

em que:
$\overline{X}$ = média
Md = mediana
S = desvio padrão

Para calcularmos os coeficientes de Pearson, precisamos dos valores da média, da moda, da mediana e do desvio padrão, conceitos de que tratamos nos Capítulos 2 e 3.

De acordo com Castanheira (2010), na impossibilidade de usar o desvio padrão como medida de dispersão, Pearson sugeriu outra medida de assimetria, o **coeficiente quartil de assimetria**, determinado pela fórmula:

$$A_s = \frac{Q_1 + Q_3 - 2Md}{Q_3 - Q_1}$$

Analisando o valor do coeficiente, temos:
- $A_s = 0$: distribuição simétrica.
- $A_s > 0$: distribuição assimétrica positiva ou à direita.
- $A_s < 0$: distribuição assimétrica negativa ou à esquerda.

Exemplificando

Uma empresa inspecionou 50 componentes eletrônicos para determinar o tempo de vida útil desses componentes, obtendo a distribuição mostrada a seguir. Calcule o 1º coeficiente de assimetria de Pearson.

Tabela 4.1 – Tempo de vida útil de 50 componentes eletrônicos

Tempo (horas)	f
1200 |--- 1300	1
1300 |--- 1400	3
1400 |--- 1500	11
1500 |--- 1600	20
1600 |--- 1700	10
1700 |--- 1800	3
1800 |--- 1900	2

Para calcularmos o 1º coeficiente de Pearson, precisamos dos valores da média, da moda e do desvio padrão. Calculando essas medidas, obtemos os resultados mostrados a seguir.

- Média:

Tabela 4.2 – Cálculo do tempo médio de vida de 50 componentes eletrônicos

Tempo (horas)	f	Pm	Pm · f
1200 |--- 1300	1	1250	1250
1300 |--- 1400	3	1350	4050
1400 |--- 1500	11	1450	15950
1500 |--- 1600	20	1550	31000
1600 |--- 1700	10	1650	16500
1700 |--- 1800	3	1750	5250
1800 |--- 1900	2	1850	3700
	50		77700

$$\overline{X} = \frac{77700}{50} = 1554$$

- Moda:

$$Mo = 1500 + \frac{10 \cdot 100}{11 + 10}$$

$$Mo = 1500 + \frac{1000}{21}$$

$$Mo = 1500 + 47,62 = 1547,62$$

- Desvio padrão:

Tabela 4.3 – Cálculo do desvio padrão de 50 componentes eletrônicos

Tempo (horas)	f	Pm	(Pm – média)²	(Pm – média)² · f
1200 |--- 1300	1	1250	92416	92416
1300 |--- 1400	3	1350	41616	124848
1400 |--- 1500	11	1450	10816	118976
1500 |--- 1600	20	1550	16	320
1600 |--- 1700	10	1650	9216	92160
1700 |--- 1800	3	1750	38416	115248
1800 |--- 1900	2	1850	87616	175232
	50			719200

$$S^2 = \frac{719200}{49} = 14677,55$$

$$S^2 = \sqrt{14677,55} = 121,15$$

Agora, vamos calcular o 1º coeficiente de assimetria de Pearson aplicando na fórmula os valores obtidos:

$$A_s = \frac{\overline{X} - Mo}{S}$$

$$A_s = \frac{1554 - 1547,62}{121,15}$$

$$A_s = \frac{6,38}{121,15} = 0,0052662$$

Exercício resolvido

Considere uma distribuição de frequência que apresenta média igual a 88, mediana igual a 82 e desvio padrão igual a 40. Calcule o 2º coeficiente de Pearson.

Resolução:

Com os valores fornecidos no enunciado, vamos calcular o coeficiente aplicando a fórmula:

$$A_s = \frac{3 \cdot (\overline{X} - Md)}{S}$$

$$A_s = \frac{3 \cdot (88 - 82)}{40}$$

$$A_s = \frac{3 \cdot (6)}{40} = \frac{18}{40} = 0,45$$

Como $A_s > 0$, concluímos que a distribuição é assimétrica positiva.

4.2 Medidas de curtose

Segundo Castanheira (2010), a curtose indica o quanto uma distribuição de frequência é mais achatada ou mais afilada do que uma curva padrão, denominada *curva normal*. Abordaremos a curva normal (ou distribuição normal) no Capítulo 7.

Na análise em relação ao achatamento, a distribuição normal é chamada de **mesocúrtica** quando os dados estão uniformemente distribuídos. A distribuição mais achatada que a normal é denominada **platicúrtica**, na qual os dados estão bem dispersos em relação à média. A distribuição menos achatada ou mais alongada que a normal, na qual os dados estão concentrados em torno da média, é chamada de **leptocúrtica**. A Figura 4.4 ilustra essas diferenças.

Figura 4.4 – Curtose

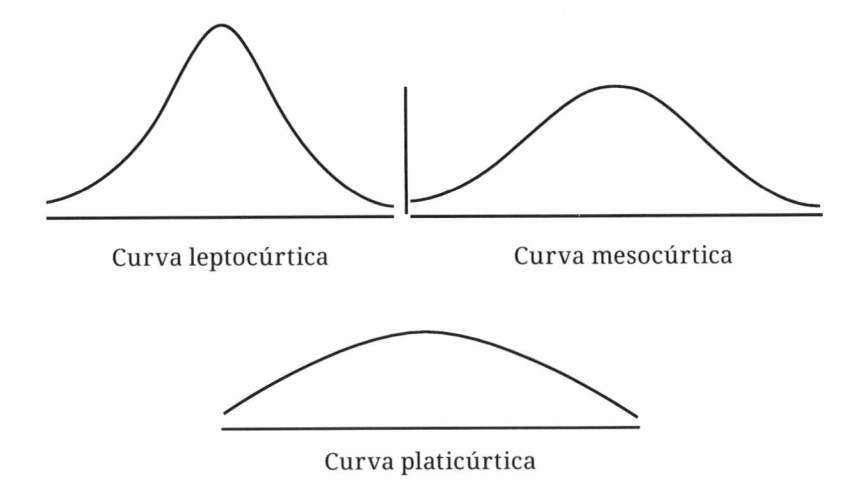

Curva leptocúrtica   Curva mesocúrtica

Curva platicúrtica

Para determinarmos a curtose, aplicamos a seguinte fórmula:

$$K = \frac{Q_3 - Q_1}{2(p_{90} - p_{10})}$$

em que:

K = coeficiente percentílico de curtose

Q1 = primeiro quartil

Q3 = terceiro quartil

P10 = décimo percentil

P90 = nonagésimo percentil

Para calcularmos o coeficiente percentílico de curtose, precisamos do primeiro e do terceiro quartil, bem como do décimo e do nonagésimo percentil. Esses cálculos foram apresentados no Capítulo 2.

Analisando o valor de *K*, temos a seguinte classificação:

- K = 0,263: curva normal, distribuição mesocúrtica.
- K > 0,263: curva mais achatada, distribuição platicúrtica.
- K < 0,263: curva mais alongada, distribuição leptocúrtica.

Exemplificando

Considere a distribuição apresenta na Tabela 4.4, que indica as faixas salariais, em salários mínimos, dos funcionários de determinada empresa. Calcule o coeficiente percentílico de curtose e interprete o resultado obtido indicando qual é o tipo de curva de frequência observado nessa distribuição.

Tabela 4.4 – Distribuição dos salários

Salários	Nº de funcionários
02 |--- 04	3
04 |--- 06	6
06 |--- 08	12
08 |--- 10	6
10 |---| 12	3

Para o cálculo, precisamos encontrar os quartis 1 e 3, além dos percentis 10 e 90. Para calcular os quartis, vamos seguir estes passos:

- Quartil 1 (Q1):

I. Encontramos o valor de N, que é igual à soma das frequências, ou seja, somamos os dados da coluna do número de funcionários:
$N = 30$

II. Calculamos a posição $= \frac{N}{4} \cdot i$, em que i representa o quartil a ser calculado. Assim, $i = 1$, 2 ou 3. Como queremos calcular o Q1, vamos substituir i por 1:

Posição $= \frac{N}{4} \cdot i$

Posição $= \frac{30}{4} \cdot 1 = 7,5$

III. Calculamos a frequência acumulada (f_a).

Tabela 4.5 – Cálculo da frequência acumulada

Salários	Nº de funcionários	f_a
02 |--- 04	3	3
04 |--- 06	6	9
06 |--- 08	12	21
08 |--- 10	6	27
10 |---| 12	3	30
Total	30	

IV. Identificamos, na frequência acumulada, a posição calculada no passo II. Sempre devemos buscar um valor igual ou maior que a posição calculada. Neste caso, temos posição igual a 7,5, que identificamos na classe 2.

Tabela 4.6 – Identificação da posição do Q1

Salários	Nº de funcionários	f_a
02 |--- 04	3	3
04 |--- 06	6	9
06 |--- 08	12	21
08 |--- 10	6	27
10 |---| 12	3	30
Total	30	

V. Calculamos o quartil utilizando a seguinte fórmula:

$$Qi = Li + \frac{\left(\frac{N}{4} \cdot i - \sum f_{ant}\right)}{f_{Qi}} \cdot A$$

Classe: 04 |--- 06

$L_i = 04$

$A = 6 - 4 = 2$

$$Q_1 = 4 + \frac{(7,5-3)}{6} \cdot 2$$

$$Q_1 = 4 + \frac{(4,5)}{6} \cdot 2$$

$$Q_1 = 4 + 1,5 = 5,5$$

Aplicando os mesmos passos, encontramos o terceiro quartil (Q3) e obtemos o seguinte valor:

N = 30

$$\text{Posição} = \frac{N}{4} \cdot i$$

$$\text{Posição} = \frac{30}{4} \cdot 3 = 22,5$$

Tabela 4.7 – Identificação da posição do Q3

Salários	Nº de funcionários	f_a
02 |--- 04	3	3
04 |--- 06	6	9
06 |--- 08	12	21
08 |--- 10	6	27
10 |---| 12	3	30
Total	30	

$L_i = 8$
$A = 6 - 4 = 2$

$$Q_3 = 8 + \frac{(22,5 - 21)}{6} \cdot 2$$

$$Q_3 = 8 + \frac{(1,5)}{6} \cdot 2$$

$$Q_3 = 8 + 0,5 = 8,5$$

Agora, precisamos calcular o percentil 10 e 90 aplicando os mesmos passos do quartil. A única modificação está no cálculo da posição e na aplicação da fórmula:

- Percentil 10 (P10):

$$\text{Posição} = \frac{N}{100} \cdot i,$$ em que i representa o percentil a ser calculado.

Neste exemplo, usaremos $i = 10$:

$$\text{Posição} = \frac{30}{100} \cdot 10 = 3$$

Tabela 4.8 – Identificação da posição do P10

Salários	Nº de funcionários	f_a
02 |--- 04	3	3
04 |--- 06	6	9
06 |--- 08	12	21
08 |--- 10	6	27
10 |---| 12	3	30
Total	30	

$$Pi = Li + \frac{\left(\frac{N}{100} \cdot i - \sum f_{ant}\right)}{f_{Pi}} \cdot A$$

$$P_{10} = 2 + \frac{(3-0)}{3} \cdot 2$$

$$P_{10} = 2 + \frac{(3)}{3} \cdot 2 = 2 + 2 = 4$$

- Percentil 90 (P90):

    Posição = $\frac{N}{100} \cdot i$, em que i é igual a 90

    Posição = $\frac{30}{100} \cdot 90 = 27$

Tabela 4.9 – Identificação da posição do P90

Salários	Nº de funcionários	f_a
02 |--- 04	3	3
04 |--- 06	6	9
06 |--- 08	12	21
08 |--- 10	6	27
10 |---| 12	3	30
Total	30	

$$Pi = Li + \frac{\left(\frac{N}{100} \cdot i - \sum f_{ant}\right)}{f_{Pi}} \cdot A$$

$$P_{90} = 8 + \frac{(27-21)}{6} \cdot 2$$

$$P_{90} = 8 + \frac{(6)}{6} \cdot 2 = 8 + 2 = 10$$

Com os valores do quartil e do percentil, aplicamos a fórmula para encontrar o coeficiente:

$$K = \frac{Q_3 - Q_1}{2(p_{90} - p_{10})}$$

$$K = \frac{8,5 - 5,5}{2(10 - 4)}$$

$$K = \frac{3}{2(6)} = \frac{3}{12} = 0,25$$

O coeficiente é igual a 0,25. Assim, temos uma curva leptocúrtica.

Exercício resolvido

Considere uma distribuição que apresenta as medidas descritas a seguir. Calcule o coeficiente percentílico de curtose e interprete o resultado obtido indicando qual é o tipo de curva de frequência observado nessa distribuição.

- Q1 = 24,4 cm
- Q3 = 41,2 cm
- P10 = 20,2 cm
- P90 = 49,5 cm

Resolução:

$$K = \frac{Q_3 - Q_1}{2(p_{90} - p_{10})}$$

$$K = \frac{41,2 - 24,4}{2(49,5 - 20,2)}$$

$$K = \frac{16,8}{2(29,3)} = \frac{16,8}{58,6} = 0,2867$$

O coeficiente é igual a 0,2867. Assim, temos uma distribuição platicúrtica.

Encerramos, então, o estudo das medidas. Vimos que a assimetria indica o grau de deformação de uma curva de frequência, enquanto a curtose indica até que ponto a curva de frequência é mais afilada ou achatada do que a curval normal.

Síntese

Neste capítulo, tratamos das medidas de assimetria e curtose. Verificamos que as medidas de assimetria apontam o grau de deformação de uma curva de frequência, sendo a distribuição classificada em assimétrica negativa ou positiva, dependendo da direção da deformidade da curva. Já a medida de curtose é utilizada para medir o grau de achatamento de uma distribuição de frequência, sendo classificada em mesocúrtica, leptocúrtica e platicúrtica, dependendo de como os dados estão distribuídos quando comparados à curva normal, que estudaremos com mais detalhes no Capítulo 7.

Questões para revisão

1. Considere a distribuição a seguir, que representa uma amostra dos diâmetros externos das tubulações fabricadas por determinada empresa, e calcule o 1º coeficiente de assimetria de Pearson.

Tabela A – Diâmetros externos das tubulações fabricadas

Diâmetros	f
20,1 |--- 20,2	10
20,2 |--- 20,3	25
20,3 |--- 20,4	30
20,4 |--- 20,5	35
20,5 |--- 20,6	45
20,6 |--- 20,7	25
20,7 |--- 20,8	15
20,8 |--- 20,9	10
20,9 |--- 21,0	5
Total	200

2. Foi realizada uma verificação no peso de 78 produtos, obtendo-se a distribuição a seguir. Determine o 2º coeficiente de assimetria de Pearson e analise o resultado obtido.

Tabela B – Peso de 78 produtos

Pesos	f
2 |--- 6	6
6 |--- 10	12
10 |--- 14	24
14 |--- 18	30
18 |--- 22	6
Total	78

3. Considere a distribuição a seguir, calcule o coeficiente percentílico de curtose e interprete o resultado obtido indicando o tipo de curva de frequência observado nessa distribuição.

Tabela C – Distribuição de frequência

Classes	f
70 |--- 90	10
90 |--- 110	20
110 |--- 130	50
130 |--- 150	60
150 |--- 170	30
170 |--- 190	20
190 |--- 210	10
Total	200

4. A curtose mede o grau de achatamento de uma distribuição de frequência, sendo classificada em mesocúrtica, leptocúrtica e platicúrtica, dependendo de como os dados estão distribuídos. Relacione cada tipo de curva com as respectivas características e, depois, assinale a alternativa que apresenta a sequência correta:
   (1) Mesocúrtica
   (2) Leptocúrtica
   (3) Platicúrtica

   ( ) Distribuição mais achatada que a normal, na qual os dados estão bem dispersos em relação à média.
   ( ) Distribuição normal, na qual os dados estão uniformemente distribuídos.
   ( ) Distribuição menos achatada ou mais alongada que a normal, na qual os dados estão concentrados em torno da média.

   a) 3 – 2 – 1.
   b) 1 – 2 – 3.
   c) 3 – 1 – 2.
   d) 2 – 1 – 3.
   e) 2 – 3 – 1.

5. Uma distribuição amostral dos salários de 160 operários apresenta um salário médio de R$ 66,88, moda de R$ 41,43 e desvio padrão de R$ 31,96. Com base nesses dados, qual é o valor do 1º coeficiente de Pearson?
   a) 0,655.
   b) 0,756.
   c) 0,685.
   d) 0,796.
   e) 0,856.

6. Uma distribuição amostral apresenta média igual a 88, mediana igual a 82 e desvio padrão igual a 40. Com base nesses dados, qual é o valor do 2º coeficiente de Pearson e qual é a classificação da distribuição?
   a) 0,55, distribuição simétrica.
   b) 0,45, distribuição assimétrica positiva.
   c) –0,65, distribuição assimétrica negativa.
   d) 0,6, distribuição assimétrica positiva.
   e) –0,45, distribuição assimétrica negativa.

-Questões para reflexão

1. Considere a seguinte distribuição, que indica as alturas de 30 funcionários de uma determinada empresa:

Alturas (m)	Funcionários
1,45 |--- 1,49	4
1,49 |--- 1,53	8
1,53 |--- 1,57	4
1,57 |--- 1,61	5
1,61 |--- 1,65	4
1,65 |--- 1,69	5

Calcule o primeiro coeficiente de assimetria e interprete o resultado encontrado.

2. Considerando a distribuição apresentada no exercício anterior, calcule o coeficiente de curtose e interprete o resultado.

> **Para saber mais**
>
> Para se aprofundar nos assuntos tratados neste capítulo, consulte a obra indicada a seguir.
>
> CASTANHEIRA, N. P. **Estatística aplicada a todos os níveis**. Curitiba: InterSaberes, 2010.

capítulo 5

Conteúdos do capítulo

- Probabilidade.
- Cálculo da probabilidade.
- Evento exclusivo.
- Evento não exclusivo.
- Probabilidade condicional.
- Regra da multiplicação.
- Teorema de Bayes.

Após o estudo deste capítulo, você será capaz de:

1. identificar espaço amostral e evento de um experimento aleatório;
2. calcular a probabilidade de um evento acontecer;
3. diferenciar um evento exclusivo de um não exclusivo;
4. identificar e aplicar a probabilidade condicional e a regra da multiplicação.

Probabilidade

A probabilidade é utilizada por qualquer pessoa que precise tomar uma decisão em uma situação de incerteza ou em um contexto no qual precise conhecer a possibilidade de determinado evento ocorrer no futuro. Provavelmente, você já deve ter empregado as expressões *improvável*, *impossível* ou *provável* para indicar que o resultado de uma situação não é conhecido, mas você tem noção de sua ocorrência.

A probabilidade se forma sempre que nos deparamos com situações em que não sabemos exatamente o que pode acontecer, mas temos uma ideia dos possíveis resultados. Dessa forma, são inúmeras as situações nas quais a probabilidade está presente. Neste capítulo, veremos como calcular a probabilidade e quais são seus principais conceitos.

5.1
Probabilidade

Segundo Castanheira (2010), o termo *probabilidade* é usado de modo muito amplo na conversação diária para sugerir certo grau de incerteza sobre o que ocorreu no passado, o que ocorrerá no futuro e o que está ocorrendo no presente.

A probabilidade pode ser utilizada em diferentes áreas: por exemplo, para verificar a probabilidade de chover em determinado dia, a probabilidade de ganhar na loteria, a probabilidade de um time ganhar um campeonato, a probabilidade de certo candidato vencer ou não uma eleição e a probabilidade de um produto ser produzido com defeito.

De acordo com Martins (2010), a probabilidade é usada por qualquer indivíduo que toma uma decisão em uma situação de incerteza e indica uma medida de quão provável é a ocorrência de determinado evento.

A probabilidade pode ser definida como a possibilidade ou medida de ocorrência de determinado evento definido em um espaço amostral, o qual está relacionado a algum experimento aleatório. Experimento aleatório (E) é aquele que podemos repetir sob as mesmas condições indefinidamente de tal modo que não podemos dizer o que ocorrerá antes de sua realização, mas somos capazes de relatar os possíveis resultados. Podemos considerar como experimento aleatório o lançamento de uma moeda, o lançamento de um dado ou a verificação do tempo de vida de um equipamento, pois podemos fazer isso várias vezes e antes do experimento conhecemos os possíveis resultados.

Segundo Walpole et al. (2009), o conjunto de todos os resultados possíveis em um experimento estatístico é chamado de **espaço amostral**, representado pelo símbolo *S*. Cada resultado é chamado de *elemento* ou *membro do espaço amostral*, ou simplesmente *ponto amostral*. Se o espaço amostral tem um número finito de elementos, podemos listar os membros separados por vírgula e colocá-los entre chaves.

Em um espaço amostral, quando os pontos amostrais apresentam a mesma probabilidade de ocorrência, consideramos que eles são equiprováveis.

-Exercícios resolvidos

1. No caso do lançamento de dois dados, qual é o espaço amostral?

Resolução:

Um dado apresenta seis possibilidades (1, 2, 3, 4, 5, 6) e, agora, estamos considerando o lançamento de dois dados. Portanto, podemos ter no primeiro dado o número 1 e, no segundo, pode aparecer de 1 até 6. Depois, podemos ter no primeiro dado o número 2 e, no segundo, de 1 até 6. Assim, temos seis possibilidades no primeiro dado e seis no segundo dado, formando um espaço amostral de 36 possibilidades:

S = {(1,1), (1,2), (1,3), (1,4), (1,5), (1,6),

(2,1), (2,2), (2,3), (2,4), (2,5), (2,6),

(3,1), (3,2), (3,3), (3,4), (3,5), (3,6),

(4,1), (4,2), (4,3), (4,4), (4,5), (4,6),

(5,1), (5,2), (5,3), (5,4), (5,5), (5,6),

(6,1), (6,2), (6,3), (6,4), (6,5), (6,6)}

2. Considere um processo industrial e a seleção de três itens para inspeção de qualidade em que classificamos cada item como defeituoso (D) ou não defeituoso (N). Qual é o espaço amostral?

Resolução:

Para encontrarmos o espaço amostral, vamos listar as possibilidades por meio de um diagrama de árvore.

Figura 5.1 – Exemplo de diagrama de árvore da inspeção de três itens

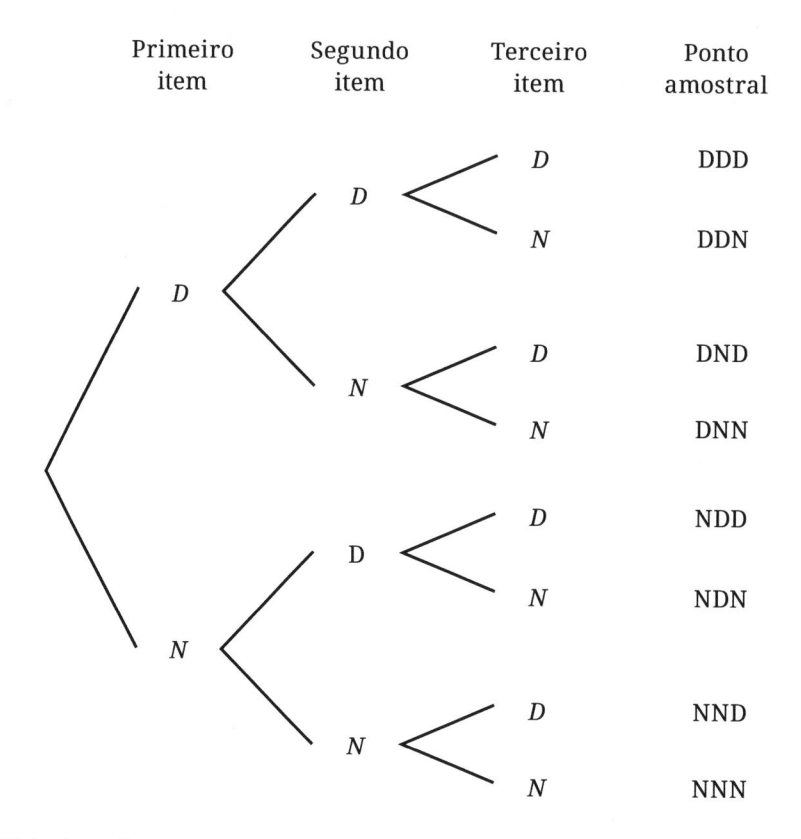

Primeiro item	Segundo item	Terceiro item	Ponto amostral
D	D	D	DDD
D	D	N	DDN
D	N	D	DND
D	N	N	DNN
N	D	D	NDD
N	D	N	NDN
N	N	D	NND
N	N	N	NNN

Fonte: Walpole et al., 2009, p. 22.

Analisando o diagrama, temos todos os resultados possíveis ao se inspecionar cada item. No primeiro caminho, os três itens inspecionados são defeituosos (DDD); já no segundo, o primeiro item defeituoso, o segundo defeituoso e o último item não defeituoso (DDN). Dessa forma, o espaço amostral é composto por oito possibilidades:

S = {DDD, DDN, DND, DNN, NDD, NDN, NND, NNN}

No cálculo da probabilidade, também consideramos o **evento**, que é definido como qualquer conjunto de resultados de um experimento ou um subconjunto do espaço amostral, sendo indicado por qualquer letra maiúscula do alfabeto. Analisando o lançamento de um dado, podemos ter diferentes eventos.

- Lançamento de um dado: S = {1, 2, 3, 4, 5, 6}

    A = {sair número maior que 5} = {6}

    B = {sair número par} = {2, 4, 6}

    C = {ocorrência de valor par ou ímpar} = {1, 2, 3, 4, 5, 6}

    D = {ocorrência de valor maior que 6} = { }

Observando os eventos descritos anteriormente, verificamos que o evento A é formado por apenas um elemento. Dessa forma, ele é definido como *evento simples*. Já o evento B é formado por três elementos e, assim, temos um **evento composto**. Por sua vez, o evento C apresenta todos os elementos do espaço amostral, sendo denominado *evento certo*. Por fim, o evento D não tem elementos, pois em um dado não há elementos maiores que 6; logo, é chamado de *evento impossível*.

-Exercício resolvido

1. Considere um processo industrial e a seleção de três itens para inspeção de qualidade em que classificamos cada item como defeituoso (D) ou não defeituoso (N). Descreva os seguintes eventos:

    a) Evento A cujo número de defeitos é maior que 1.

Resolução:

Avaliando o espaço amostral, verificamos as possibilidades em que há dois ou três itens com defeito, formando, assim, o evento A:

S = {DDD, DDN, DND, DNN, NDD, NDN, NND, NNN}
A = {DDD, DDN, DND, NDD}

Figura 5.2 – Diagrama de árvore da inspeção de três itens

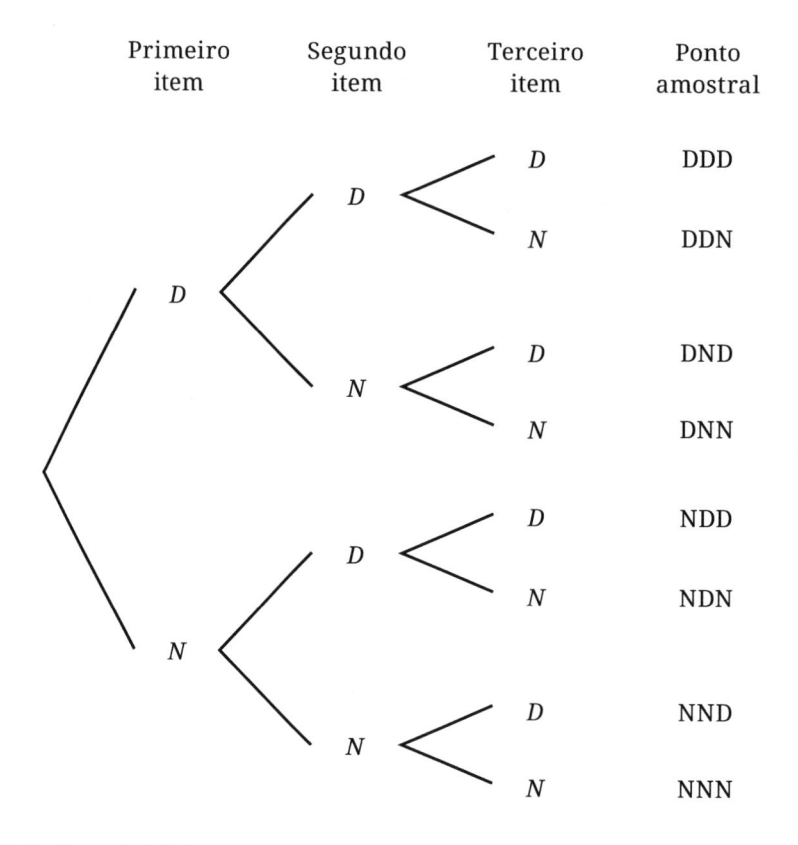

```
Primeiro      Segundo      Terceiro      Ponto
 item          item          item        amostral

                             D            DDD
                 D
                             N            DDN
     D
                             D            DND
                 N
                             N            DNN

                             D            NDD
                 D
                             N            NDN
     N
                             D            NND
                 N
                             N            NNN
```

Fonte: Walpole et al., 2009, p. 22.

b) Evento B cujo número de defeitos é igual a 1.

Resolução:

Avaliamos no espaço amostral as possibilidades em que há um item com defeito, formando, assim, o evento B:

S = {DDD, DDN, DND, DNN, NDD, NDN, NND, NNN}
B = {DNN, NDN, NND}

Estudamos que a probabilidade é a medida de ocorrência de determinado evento definido em um espaço amostral. Como vimos, o espaço amostral indica todas as possibilidades, e o evento é qualquer conjunto de resultados de um experimento. Com base nesses conceitos, vamos verificar como calculamos a probabilidade de um evento acontecer.

5.2
Cálculo da probabilidade

Segundo Castanheira (2010), a probabilidade de um acontecimento é a relação entre o número de casos favoráveis e o número de casos possíveis. Designamos por S o número de casos possíveis e por A o número de casos favoráveis. A probabilidade P é definida por:

$$P(A) = \frac{A}{S}$$

Ou seja:

$$P(A) = \frac{\text{número de elementos do evento A}}{\text{número de elementos do espaço amostral S}}$$

Para calcularmos a probabilidade, precisamos conhecer o espaço amostral e o evento para, depois, aplicarmos a fórmula. De acordo com Walpole et al. (2009), a probabilidade da ocorrência de um evento resultante de um experimento estatístico é avaliada por meio de um conjunto de números reais chamados *pesos* ou *probabilidades*, que variam de 0 a 1. Quando um evento é muito provável de ocorrer, a probabilidade atribuída deve ser próxima de 1, e uma probabilidade próxima de 0 é atribuída para um ponto amostral que não é provável de ocorrer. Dessa forma, a probabilidade é uma fração entre 0 (zero) e 1 (um) ou, em percentual, com valores entre 0% e 100%. Quando a probabilidade for igual a zero (P(A) = 0), teremos um evento impossível; quando for igual a 1 (P(A) = 1, ou P(A) = 100%), teremos um evento certo.

Além de calcularmos a probabilidade de sucesso (P(A)), podemos calcular a probabilidade do não acontecimento, o qual simbolizamos por Q, sendo Q(A) = 1 – P(A). Logo, temos que P(A) + Q(A) = 1, pois para todo ponto num espaço amostral atribuímos uma probabilidade, de modo que a soma de todas as probabilidades seja igual a 1.

Exemplificando

Considere um lançamento de um dado e calcule as seguintes probabilidades:
    a) Sair o número 2.
    b) Sair um número ímpar.
    c) Sair um número menor ou igual a 4.

Precisamos, primeiramente, encontrar o espaço amostral e o evento. Como temos o lançamento de um dado, o espaço amostral será S = {1, 2, 3, 4, 5, 6}, formado por 6 elementos. Agora, vamos encontrar os eventos.

a) Sair o número 2.

O evento será sair o número 2, então vamos chamá-lo de A: A = {2}.

O evento é formado por 1 elemento, pois só há o número 2 e o espaço amostral formado por 6 elementos, ou seja, S = {1, 2, 3, 4, 5, 6}. Assim, calculamos a probabilidade:

$$P(A) = \frac{\text{número de elementos do evento A}}{\text{número de elementos do espaço amostral S}} = \frac{1}{6}$$

P(A) = 0,16667 · 100 = 16,66667% = 17%

b) Sair um número ímpar.

Queremos um número ímpar, então o evento B será formado pelos elementos ímpares que podem ocorrer ao lançarmos um dado:
B = {1, 3, 5}

No evento B, há 3 elementos. Assim, a probabilidade de o evento B ocorrer será:

$$P(B) = \frac{\text{número de elementos do evento A}}{\text{número de elementos do espaço amostral S}} = \frac{3}{6}$$

P(B) = 0,5 · 100 = 50%

c) Sair um número menor ou igual a 4.

Queremos um número menor ou igual a 4, então o evento será:
C = {1, 2, 3, 4}

O evento C é formado por 4 elementos. Assim, calculamos a probabilidade:

$$P(C) = \frac{\text{número de elementos do evento A}}{\text{número de elementos do espaço amostral S}} = \frac{4}{6}$$

P(C) = 0,66667 · 100 = 66,66667% = 67%

Exercícios resolvidos

1. Uma caixa contém 6 ferramentas azuis, 10 vermelhas e 4 amarelas. Ao retirar uma das ferramentas, calcule as probabilidades de:
   a) Sair azul.
   b) Sair vermelha.
   c) Sair amarela.

Resolução:

Vamos encontrar o espaço amostral, que, neste caso, é o total de ferramentas disponíveis na caixa. Assim, somamos a quantidade de azuis, vermelhas e amarelas:

Azuis + Vermelhas + Amarelas = 6 + 10 + 4 = 20

Agora, encontramos os eventos e calculamos as probabilidades solicitadas.

a) Sair azul.
O evento é o total de ferramentas que temos da cor azul, que são 6. Dessa forma:

$$P(A) = \frac{6}{20} = 0{,}30 \cdot 100 = 30\%$$

b) Sair vermelha.

$$P(A) = \frac{10}{20} = 0{,}50 \cdot 100 = 50\%$$

c) Sair amarela.

$$P(A) = \frac{4}{20} = 0{,}20 \cdot 100 = 20\%$$

2. Em uma indústria, foi avaliado um lote de 12 peças, das quais 4 são defeituosas. Sendo retirada uma peça, calcule:
   a) A probabilidade de a peça ser defeituosa.
   b) A probabilidade de a peça não ser defeituosa.

Resolução:

O espaço amostral é o total de peças, ou seja, 12 peças. Agora, vamos avaliar os eventos e calcular as probabilidades solicitadas.

a) A probabilidade de a peça ser defeituosa.

Sabemos pelo enunciado que, do total de 12 peças, 4 são defeituosas. Assim:

$$P(A) = \frac{4}{12} = 0,33333 \cdot 100 = 33,333\%$$

b) A probabilidade de a peça não ser defeituosa.

Sabemos que, do total de 12 peças, 4 são defeituosas. Desse modo, conseguimos encontrar a quantidade de peças não defeituosas, ou seja, 12 – 4 = 8 peças não defeituosas. Logo, a probabilidade será:

$$P(A) = \frac{8}{12} = 0,66667 \cdot 100 = 66,66667\%.$$

Outra alternativa para encontrarmos a resposta dessa questão é aplicar a seguinte fórmula:

$$P(A) + Q(A) = 1$$

Sabemos pela questão "a" que a probabilidade de uma peça ser defeituosa é de 0,33333. Vamos, então, encontrar o complemento para 1 e, assim, teremos a probabilidade de a peça não ser defeituosa:

$$P(A) + Q(A) = 1$$
$$Q(A) = 1 - P(A)$$
$$Q(A) = 1 - 0,33333$$
$$Q(A) = 0,66667 \cdot 100 = 66,66667\%$$

3. Uma turma de engenharia é composta por 25 estudantes de Engenharia da Computação, 10 de Mecânica, 10 de Elétrica e 8 de Civil. Se um aluno for selecionado pelo professor, determine a probabilidade de o estudante escolhido ser de Engenharia da Computação.

Resolução:

Primeiramente, precisamos encontrar o espaço amostral – que é igual ao total de alunos da sala – para, depois, avaliar o evento:

25 estudantes de Engenharia da Computação + 10 de Mecânica + 10 de Elétrica + 8 de Civil = 53 estudantes

Nosso evento é composto pela quantidade de alunos de Engenharia da Computação, que é um total de 25 alunos. Agora, precisamos aplicar a fórmula da probabilidade, considerando o número de elementos do evento igual a 25 e o espaço amostral igual a 53:

$$P(A) = \frac{A}{S}$$

$$P(A) = \frac{25}{53} = 0{,}4717 = 47{,}17\%$$

A probabilidade de o estudante escolhido ser de Engenharia da Computação é de 47,17%.

4. A probabilidade de um equipamento eletrônico falhar durante sua utilização é de 5%. Qual é a probabilidade de esse equipamento não falhar durante o uso?

Resolução:
Para encontrarmos a resposta, vamos aplicar a seguinte fórmula:

$$P(A) + Q(A) = 1$$

Sabemos que a probabilidade de o equipamento falhar é de 5% (5/100 = 0,05). Vamos, então, encontrar o complemento para 1 e, assim, teremos a probabilidade de o equipamento não falhar:

$$P(A) + Q(A) = 1$$
$$Q(A) = 1 - P(A)$$
$$Q(A) = 1 - 0{,}05$$
$$Q(A) = 0{,}95 \cdot 100 = 95\%$$

Vimos que, para calcularmos a probabilidade, precisamos definir primeiro o evento e o espaço amostral para, depois, efetuar a divisão. Além do cálculo da probabilidade de um evento ocorrer, podemos também avaliar mais de um evento, conforme veremos na próxima seção.

5.3
Evento exclusivo

Um evento exclusivo, também chamado de *evento mutuamente exclusivo*, ocorre quando temos dois eventos e a ocorrência de um exclui a realização do outro, ou seja, os eventos não podem ocorrer simultaneamente. De acordo com Walpole et al. (2009), dois eventos A e B são mutuamente exclusivos – ou disjuntos – se A ∩ B = ϕ, ou seja, se A e B não têm elementos em comum.

No lançamento de uma moeda, temos os eventos *cara* e *coroa*, os quais são mutuamente exclusivos, pois, ao se realizar um deles, o outro automaticamente não ocorrerá. O mesmo acontece no lançamento de um dado: se temos os eventos *sair número 4* e *sair número 5*, quando obtemos o número 4, automaticamente, o número 5 não ocorrerá. Outro exemplo ocorre quando realizamos uma inspeção de qualidade: se uma peça é perfeita, então não pode ser defeituosa ao mesmo tempo.

A probabilidade de dois eventos exclusivos ocorrerem é igual à soma das probabilidades individuais, ou seja:

$$P(A \cup B) = P(A) + P(B)$$

Exemplificando

No lançamento de um dado, qual é a probabilidade de tirar o número 2 ou o número 5?

Ao lançarmos o dado, se sair o número 2, automaticamente o número 5 não ocorrerá. Assim, temos eventos exclusivos. Para calcularmos a probabilidade, vamos encontrar a probabilidade de cada evento ocorrer separadamente.

Espaço amostral S = {1, 2, 3, 4, 5, 6}

a. Sair número 2:

$$P(A) = \frac{1}{6} = 0,16667 \cdot 100 = 16,66667\%$$

b. Sair número 5:

$$P(B) = \frac{1}{6} = 0,16667 \cdot 100 = 16,66667\%$$

Com as probabilidades individuais, aplicamos a fórmula:

$$P(A \cup B) = P(A) + P(B)$$

$$P(A \cup B) = 16,66667\% + 16,66667\% = 33,33334\%$$

-Exercícios resolvidos

1. Uma turma de Engenharia é composta por 25 estudantes de Engenharia da Computação, 10 de Mecânica, 10 de Elétrica e 8 de Civil. Se um aluno for selecionado pelo professor, determine a probabilidade de o estudante escolhido ser um estudante de Engenharia Civil ou de Elétrica.

Resolução:
Primeiramente, precisamos encontrar o espaço amostral, que é igual ao total de alunos que temos na sala, para, depois, avaliar o evento:

25 estudantes de Engenharia da Computação + 10 de Mecânica + 10 de Elétrica + 8 de Civil = 53 estudantes

Queremos encontrar a probabilidade de o estudante ser de Engenharia Civil ou de Elétrica, então avaliamos a probabilidade de cada evento e, depois, somamos as probabilidades encontradas.

a. Engenharia Civil:

$$P(A) = \frac{A}{S}$$

$$P(A) = \frac{8}{53}$$

b. Engenharia Elétrica:

$$P(B) = \frac{A}{S}$$

$$P(B) = \frac{10}{53}$$

$$P(A \cup B) = P(A) + P(B)$$

$$P(A \cup B) = \frac{8}{53} + \frac{10}{53} = \frac{18}{53} = 0{,}3396 = 33{,}96\%$$

2. Em uma indústria que produz componentes eletrônicos, a cada 100 componentes produzidos, 40 têm um tempo médio de vida de 800 horas, 35 de 900 horas e 25 de 1 000 horas. Selecionando-se ao acaso um componente, qual é a probabilidade de que ele tenha um tempo médio de vida igual a 900 horas ou a 1 000 horas?

Resolução:

O espaço amostral é composto por 100 componentes eletrônicos e temos dois eventos, sendo o primeiro o componente durar 900 horas e o segundo durar 1 000 horas. Caso ocorra o primeiro evento, o segundo não ocorrerá. Assim, temos eventos exclusivos. Precisamos encontrar a probabilidade de cada evento separado e, depois, somamos as probabilidades.

a. 900 horas – Temos 35 componentes de 900 horas de um total de 100 componentes. Assim:

$$P(A) = \frac{A}{S}$$

$$P(A) = \frac{35}{100}$$

b. 1 000 horas – Temos 25 componentes de 1 000 horas de um total de 100 componentes. Assim:

$$P(B) = \frac{A}{S}$$

$$P(B) = \frac{25}{100}$$

$$P(A \cup B) = P(A) + P(B)$$

$$P(A \cup B) = \frac{35}{100} + \frac{25}{100} = \frac{60}{100} = 0,60 = 60\%$$

5.4
Evento não exclusivo

Vimos que dois eventos são considerados mutuamente exclusivos quando a ocorrência de um exclui a realização do outro. Agora, vamos estudar os eventos não exclusivos, também chamados de *eventos não mutuamente exclusivos*, os quais são eventos que podem ocorrer simultaneamente.

Quando A e B são eventos não mutuamente exclusivos, temos:

$$P(A \cup B) = P(A) + P(B) - P(A \cap B)$$

em que: $P(A \cap B)$ é a interseção, ou seja, a probabilidade de os eventos ocorrerem simultaneamente, sendo calculado por:

$$P(A \cap B) = P(A) \cdot P(B)$$

> *Exemplificando*
>
> Se dois dados forem lançados, qual é a probabilidade de sair o número 4 no primeiro dado e o número 2 no segundo dado?
>
> Como temos o lançamento de dois dados e os dois eventos, sair o número 4 e sair o número 2, podem ocorrer ao mesmo tempo, trata-se de eventos não exclusivos, pois pode sair o número 4 no primeiro dado e o número 2 no segundo.
>
> Para calcularmos a probabilidade, precisamos encontrar a probabilidade de cada evento separadamente.
>
> a. Sair número 4:
>
> $S = \{1, 2, 3, 4, 5, 6\}$
>
> $A = \{4\}$
>
> $P(A) = \dfrac{1}{6} = 0{,}1667$
>
> b. Sair número 2:
>
> $B = \{2\}$
>
> $P(B) = \dfrac{1}{6} = 0{,}1667$
>
> Agora, calculamos a probabilidade simultânea, ou seja, $P(A \cap B)$:
>
> $P(A \cap B) = P(A) \cdot P(B)$
>
> $P(A \cap B) = 0{,}1667 \cdot 0{,}1667 = 0{,}0278$
>
> Com as probabilidades calculadas, vamos encontrar a probabilidade de os dois eventos ocorrerem:
>
> $P(A \cup B) = P(A) + P(B) - P(A \cap B)$
>
> $P(A \cup B) = 0{,}1667 + 0{,}1667 - 0{,}0278 = 0{,}3056 = 30{,}56\%$

-Exercícios resolvidos

1. Em um teste de estatística, a probabilidade de um aluno resolver determinado exercício é de 0,5, e a de um segundo aluno resolver o exercício é de 0,6. Qual é a probabilidade de o exercício ser resolvido se ambos o resolverem?

Resolução:
Temos dois eventos, o primeiro aluno e o segundo aluno, e a probabilidade de cada um resolver o exercício. Assim:

a. 1º aluno: P(A) = 0,5
b. 2º aluno: P(B) = 0,6

Não temos P(A∩B). Então, aplicamos a fórmula:

P(A∩B) = P(A)·P(B)

P(A∩B) = 0,5·0,6 = 0,3

Agora, calculamos a probabilidade de ocorrência dos eventos:

P(A∪B) = P(A) + P(B) − P(A∩B)

P(A∪B) = 0,5 + 0,6 − 0,3

P(A∪B) = 0,80·100 = 80%

2. Uma pesquisa indicou que as probabilidades de uma pessoa selecionada ao acaso possuir um celular, um *notebook* ou ambos são de, respectivamente, 0,92, 0,53 e 0,48. Calcule a probabilidade de, ao selecionar uma pessoa, esta possuir um celular, um *notebook* ou ambos.

O enunciado fornece 3 valores:
a. Probabilidade celular = 0,92.
b. Probabilidade *notebook* = 0,53.
c. Probabilidade ambos = 0,48, ou seja, probabilidade simultânea P(A∩B).

Como temos as três probabilidades necessárias para o cálculo, aplicamos a fórmula:

P(A∪B) = P(A) + P(B) − P(A∩B)
P(A∪B) = 0,92 + 0,53 − 0,48
P(A∪B) = 0,97 · 100 = 97%

Estudamos o cálculo da probabilidade dos eventos exclusivos e não exclusivos. Além desses cálculos, podemos avaliar a probabilidade condicional, em que um evento está condicionado à ocorrência de outro, conforme veremos a seguir.

5.5 Probabilidade condicional

Na probabilidade condicional, temos dois eventos e calculamos a probabilidade de o segundo evento ocorrer depois que o primeiro evento tenha ocorrido. De acordo com Walpole et al. (2009), a noção de probabilidade condicional fornece a capacidade de reavaliar a ideia da probabilidade de um evento à luz de informações adicionais, ou seja, quando é sabido que outro evento ocorreu.

Segundo Castanheira (2010), considerando-se dois eventos, A e B, de um espaço amostral S, denota-se por *P(A/B)* a probabilidade condicionada de ocorrer o evento A quando o evento B já tiver ocorrido, sendo calculada pela fórmula:

$$P(A/B) = \frac{P(A \cap B)}{P(B)}$$

Ou seja:

$$P(A/B) = \frac{\text{número de casos favoráveis do evento } A \cap B}{\text{número de casos favoráveis do evento } B}$$

em que: $A \cap B$ é a ocorrência simultânea, isto é, dois eventos ocorrendo ao mesmo tempo.

Quando a probabilidade de A é igual à probabilidade condicional de A, dado B, temos que o evento A é independente do evento B, ou seja, $P(A) = P(A/B)$.

Exemplificando

Em um lançamento de um dado, temos os eventos A = {sair o número 2} e B = {sair um número par}. Calcule a probabilidade de que ocorra A condicionada à ocorrência do evento B.

Precisamos encontrar os eventos A e B e, depois, a interseção, pois o enunciado solicita a probabilidade de ocorrer A condicionada a B:

- A = {sair o número 2} = {2}.
- B = {sair um número par} = {2, 4, 6}.
- $A \cap B$ = {2}, ou seja, o número que aparece nos dois conjuntos ao mesmo tempo.

Com os três valores, aplicamos a fórmula:

$$P(A/B) = \frac{\text{número de casos favoráveis do evento } A \cap B}{\text{número de casos favoráveis do evento } B} = \frac{1}{3}$$

P(A/B) = 0,3333 · 100 = 33,33%

-Exercícios resolvidos

1. Uma caixa contém 20 ferramentas numeradas de 1 a 20. Retira-se, então, uma ferramenta ao acaso. Calcule a probabilidade de ocorrer um número par para a ferramenta retirada, considerando que ocorreu um número maior que 10.

Resolução:

Temos um exemplo de probabilidade condicional, pois algo já ocorreu (o número é maior que 10). Vamos encontrar os eventos A, B e a interseção, sendo B o evento que já ocorreu:

- A = {sair par} = {2, 4, 6, 8, 10, 12, 14, 16, 18, 20}.
- B = {sair número maior que 10} = {11, 12, 13, 14, 15, 16, 17, 18, 19, 20}
- $A \cap B = \{12, 14, 16, 18, 20\}$

Com os três valores, aplicamos a fórmula:

$$P(A/B) = \frac{\text{número de casos favoráveis do evento } A \cap B}{\text{número de casos favoráveis do evento } B} = \frac{5}{10}$$

P(A/B) = 0,5 · 100 = 50%

2. Uma empresa realizou uma pesquisa para conhecer o gênero e o *status* empregatício de um grupo de pessoas, obtendo os resultados a seguir.

Tabela 5.1 – Gênero e *status* empregatício de um grupo de pessoas

	Empregados	Desempregados	Total
Homem	460	40	500
Mulher	140	260	400
Total	**600**	**300**	**900**

Considere que será sorteada uma pessoa para ganhar um prêmio e que ela esteja empregada. Qual é, então, a probabilidade de o escolhido ser homem?

Resolução:

Temos dois eventos, sendo que um deles já ocorreu (o sorteado é empregado), e queremos saber a probabilidade de ele ser homem. Dos 600 empregados, 460 são homens. Logo:

$$P(A/B) = \frac{P(A \cap B)}{P(B)}$$

$$P(A/B) = \frac{460}{600} = 0{,}7667 = 76{,}67\%$$

Estudamos o cálculo da probabilidade condicional, em que um evento está condicionado à ocorrência de outro. Com base nesse cálculo, podemos aplicar a regra da multiplicação, conforme veremos a seguir.

5.6 Regra da multiplicação

Com base na definição e no cálculo da probabilidade condicional, podemos calcular a probabilidade da ocorrência simultânea de dois eventos. A probabilidade da ocorrência simultânea de dois eventos A e B é igual ao produto da probabilidade de um deles pela probabilidade condicional do outro, ou seja:

$$P(A \cap B) = P(B) \cdot P(A/B)$$

Considerando a regra da multiplicação, podemos afirmar que, se A e B são independentes, então:

$$P(A \cap B) = P(A) \cdot P(B)$$

> **O QUE É**
> Dois eventos são **independentes** quando a ocorrência de um não depende da ocorrência do outro.

Segundo Castanheira (2010), o princípio da multiplicação indica que, se o primeiro de dois experimentos admite "a" resultados possíveis e o segundo comporta "b" resultados possíveis, podendo ocorrer qualquer combinação desses resultados, então o número total de resultados possíveis dos dois experimentos é a · b.

Ao analisarmos um experimento, podemos ter duas situações: com reposição ou sem reposição. Quando ocorre reposição, o elemento retirado é devolvido à população, podendo ser escolhido novamente. Já nos experimentos em que não ocorre reposição, o elemento, uma vez escolhido, não é devolvido à população, não podendo, assim, ser escolhido novamente.

Exemplificando

Retiram-se sem reposição duas peças de um lote de 10 peças em que apenas 4 são boas. Qual é a probabilidade de que ambas sejam defeituosas?

Temos 4 peças boas em um total de 10 peças; assim, conseguimos calcular o número de peças defeituosas: 10 − 4 = 6 peças defeituosas. Com base nesses dados, calculamos a probabilidade de a primeira peça retirada ser defeituosa:

$$A = \{1^a \text{ defeituosa}\} = \frac{6}{10} = 0{,}6$$

Sabendo a probabilidade de retirar a 1ª peça defeituosa, vamos calcular a probabilidade de a segunda peça também ser defeituosa. No total, são 6 peças defeituosas, mas já retiramos 1 sem reposição e, assim, sobraram 5 peças. No total, tínhamos 10 peças; como retiramos 1 sem reposição, então sobraram 9 peças. Agora, calculamos a probabilidade de a segunda ser defeituosa:

$$B = \{2^a \text{ defeituosa}\} = \frac{5}{9} = 0{,}5556$$

Por fim, vamos calcular a probabilidade simultânea, ou seja, aplicar a regra da multiplicação:

$P(A \cap B) = P(B) \cdot P(A|B)$
$P(A \cap B) = 0{,}6 \cdot 0{,}5556 = 0{,}3334 \cdot 100 = 33{,}34\%$

Exercícios resolvidos

1. Uma caixa contém 100 resistores, sendo 40 de 250 ohms e 60 de 400 ohms. Dois resistores são retirados aleatoriamente da caixa, sem reposição. Ao avaliarmos o primeiro resistor retirado, constatamos que ele é de 250 ohms. Qual é a probabilidade de que o outro resistor seja de 400 ohms?

Resolução:

Conforme o enunciado, consideramos que foi retirado primeiro um resistor de 250 ohms e que não houve reposição. Com essa informação, vamos calcular a probabilidade de o outro resistor retirado ser de 400 ohms. Temos 60 resistores de 400 ohms em um total de 99 resistores, pois um resistor foi retirado. Assim, a probabilidade de ele ser de 400 ohms será:

$$\frac{60}{99} = 0{,}6061 = 60{,}61\%$$

2. Retirando-se, sem reposição, 3 bolas de uma caixa com 10 bolas verdes e 5 amarelas, calcule a probabilidade de a primeira bola ser verde, a segunda ser amarela e a terceira ser verde.

Resolução:

Considerando que o experimento ocorre sem reposição, calculamos a probabilidade da retirada de cada bola separada. Depois, calculamos a probabilidade de ocorrência simultânea, aplicando a regra da multiplicação:

- 1ª verde = $\frac{10}{15} = 0{,}6667$

- 2ª amarela = $\frac{5}{14} = 0{,}3571$

- 3ª verde = $\frac{9}{13} = 0{,}6923$

A probabilidade de a primeira bola ser verde, a segunda ser amarela e a terceira ser verde será:

$0{,}6667 \cdot 0{,}3571 \cdot 0{,}6923 = 0{,}1648 \cdot 100 = 16{,}48\%$

5.7 Teorema de Bayes

O teorema de Bayes é uma generalização da probabilidade condicional quando temos mais de dois eventos. De acordo com Martins (2010), sejam $E_1, E_2, ..., E_k$ eventos mutuamente exclusivos, tais que $P(E_1) + P(E_2) + ... + P(E_k) = 1$, e seja A um evento qualquer, que, se sabe, ocorrerá em conjunto com (ou em consequência de) um dos eventos E_i. Então, a probabilidade de ocorrência de um evento E_i, haja vista a ocorrência de A, é dada por:

$$P(E_i/A) = \frac{P(E_i \cap A)}{P(A)} = \frac{P(E_i)P(A/E_i)}{P(E_1)P(A/E_1) + P(E_2)P(A/E_2) + ... + P(E_k)P(A/E_k)}$$

Exemplificando

Uma empresa utiliza três procedimentos para o desenvolvimento de certo produto, sendo os procedimentos 1, 2 e 3 usados para 30%, 20% e 50% dos produtos, respectivamente. Os índices de defeitos para os procedimentos são: $P(D/P_1) = 0{,}01$, $P(D/P_2) = 0{,}03$ e $P(D/P_3) = 0{,}02$, em que $P(D/P_i)$ é a probabilidade de um produto apresentar defeito dado o procedimento i. Selecionando-se aleatoriamente um produto e avaliando-se que este apresenta defeito, qual é a probabilidade de o procedimento usado ser o 1?

O enunciado fornece os seguintes dados:
- $P(P_1) = 0{,}30$.
- $P(P_2) = 0{,}20$.
- $P(P_3) = 0{,}50$.

Precisamos determinar a probabilidade condicional de um defeito dado o procedimento 1. Assim:

$$P(P_1/D) = \frac{P(P_1)P(D/P_1)}{P(P_1)P(D/P_1) + P(P_2)P(D/P_2) + P(P_3)P(D/P_3)}$$

$$P(P_1/D) = \frac{0{,}30 \cdot 0{,}01}{(0{,}3)(0{,}01) + (0{,}20)(0{,}03) + (0{,}50)(0{,}02)} = \frac{0{,}003}{0{,}019} = 0{,}1579$$

A probabilidade condicional de um defeito dado o procedimento 1 é de 15,79%.

Síntese

Neste capítulo, apresentamos os principais conceitos que envolvem probabilidade, como espaço amostral e evento. Calculamos a probabilidade de um evento ocorrer e analisamos a diferença entre evento exclusivo e evento não exclusivo. Dois eventos são considerados exclusivos quando a ocorrência de um automaticamente exclui a ocorrência do outro. Já os eventos não exclusivos podem ocorrer simultaneamente.

Vimos também a definição e o cálculo da probabilidade condicional, em que consideramos que um evento já ocorreu. Para finalizar, tratamos da regra da multiplicação, a qual é utilizada quando calculamos a probabilidade simultânea e pode ser aplicada em eventos com ou sem reposição. Também abordamos o teorema de Bayes, que é uma generalização da probabilidade condicional quando temos mais de dois eventos.

Questões para revisão

1. A probabilidade é definida como a relação entre o número de casos favoráveis de um evento e o número de casos possíveis. Considere que uma empresa tem um lote de 100 faturas, das quais 20 estão em atraso. Selecionando-se uma fatura aleatoriamente, qual é a probabilidade de essa fatura estar em atraso?
    a) 15%.
    b) 30%.
    c) 5%.
    d) 20%.
    e) 10%.

2. A previsão do tempo indica que, para o próximo sábado, a probabilidade de chover é de 60%, a de fazer frio é de 70% e a de chover e fazer frio é de 50%. Qual é a probabilidade de que, no final de semana, chova ou faça frio?
    a) 90%.
    b) 80%.
    c) 70%.
    d) 60%.
    e) 50%.

3. Considere a escolha ao acaso de números entre 1 e 7. Depois disso, calcule as seguintes probabilidades:
   a) Sair um número par.
   b) Sair um número ímpar.
   c) Sair um número menor que 6.

4. Uma caixa contém 5 ferramentas verdes, 3 brancas e 4 amarelas. Retira-se, ao acaso, uma ferramenta da caixa. Qual é a probabilidade de sair uma ferramenta verde ou uma branca?

5. Um candidato, depois de ser entrevistado por duas empresas, avalia que a probabilidade de conseguir a vaga na empresa A é de 0,8 e na empresa B é de 0,6. Por outro lado, ele imagina que a probabilidade de conseguir uma oferta nas duas empresas é de 0,5. Qual é a probabilidade de que o candidato consiga uma oferta, pelo menos, em uma das empresas?

6. Em um estoque há 9 peças, sendo 3 defeituosas e 6 boas. Foram escolhidas 2 peças ao acaso sucessivamente, sem reposição. Calcule a probabilidade de ambas serem boas.

7. Uma caixa contém 100 resistores, sendo 40 de 250 ohms e 60 de 400 ohms. Dois resistores são retirados aleatoriamente da caixa, sem reposição. Ao avaliarmos o primeiro resistor retirado, constatamos que ele é de 250 ohms. Qual é a probabilidade de que o outro resistor seja de 250 ohms?

8. A probabilidade é definida como a relação entre o número de casos favoráveis de um evento e o número de casos possíveis. Um lote é formado por 16 peças, sendo 10 peças boas, 4 com defeitos e 2 com defeitos graves. Uma peça é escolhida ao acaso. Qual é a probabilidade de que ela seja boa ou que tenha defeitos graves?

9. Evento é qualquer conjunto de resultados de um experimento ou um subconjunto do espaço amostral, sendo classificado em simples, composto, certo e impossível. Com relação aos tipos de eventos, avalie as seguintes afirmações:
   I. Se o evento é formado por mais de um elemento, ele recebe o nome de *evento simples*.

II. O evento que apresenta todos os elementos do espaço amostral é chamado de *evento certo*.

III. O evento formado por apenas um elemento é denominado de *evento composto*.

IV. O evento que não tem elementos é chamado de *evento impossível*.

É correto o que se afirma em:

a) I, apenas.
b) II, apenas.
c) I e III, apenas.
d) II e IV apenas.
e) I, II, III e IV.

-Questões para reflexão

1. Em uma máquina há 20 produtos, sendo 14 bons e 6 com defeito. Calcule a probabilidade de selecionarmos aleatoriamente dois produtos (sem reposição) e estes serem:
   a) um bom e outro com defeito.
   b) os dois bons.
   c) os dois com defeito.

2. Uma pesquisa foi realizada com jovens entre 18 e 22 anos para verificar quantos sabem ou não ler, obtendo-se os seguintes resultados.

Sexo	Lê	Não lê	Total
Masculino	39 577	8 672	48 249
Feminino	46 304	7 297	53 601
Total	85 881	15 969	101 850

Considere que um jovem é escolhido ao acaso. Calcule:
a) A probabilidade de o jovem sorteado ser do sexo feminino.
b) A probabilidade de o jovem sorteado saber ler.
c) A probabilidade de o jovem sorteado ser do sexo masculino ou saber ler.

Para saber mais

Para se aprofundar nos assuntos tratados neste capítulo, consulte a obra indicada a seguir.

MORETTIN, L. G. **Estatística básica**: probabilidade e inferência. São Paulo: Pearson, 2010.

capítulo 6

Conteúdos do capítulo

- Distribuições teóricas de probabilidade.
- Distribuição binomial.
- Distribuição de Poisson.

Após o estudo deste capítulo, você será capaz de:

1. compreender o conceito de distribuição de Probabilidade;
2. aplicar as distribuições binomial e de Poisson.

Distribuições de probabilidade discretas

No capítulo 5, vimos os diferentes cálculos da probabilidade. Dando continuidade ao tema, neste capítulo, analisaremos as distribuições de probabilidade. Na maioria dos problemas estatísticos, segundo a compreensão de Castanheira (2010), a amostra não é suficientemente grande para determinar a distribuição da população de maneira muito precisa. Assim, considera-se a distribuição de probabilidade, modelo matemático para a distribuição real das frequências que relaciona certo valor da variável em estudo com a sua probabilidade de ocorrência.

6.1
Distribuições teóricas de probabilidade

De acordo com Oliveira (1999), a distribuição de probabilidade é uma expressão matemática aplicável a múltiplas situações desde que determinadas premissas sejam respeitadas. Ela torna possível o cálculo de uma probabilidade por meio da simples aplicação de fórmula ou, às vezes, da leitura de uma tabela.

Segundo Martins (2010), as análises das distribuições de probabilidade possibilitam a construção de modelos que nos auxiliam no entendimento de fenômenos do mundo real. Muitas vezes, não estamos interessados propriamente no resultado de um experimento aleatório, mas em características numéricas chamadas de *variáveis aleatórias*. As **variáveis aleatórias** são aquelas em que os valores são determinados por processos acidentais, ou seja, por processos que não estão sob o controle do observador. Essas variáveis são classificadas em discretas ou contínuas.

> **O QUE É**
> Uma **variável aleatória discreta** é aquela que assume valores inteiros e finitos; já uma **variável aleatória contínua** pode assumir inúmeros valores em um intervalo de números reais e é medida em uma escala contínua – por exemplo, medidas de peso, altura e temperatura.

Com base nas variáveis, temos os modelos discretos de probabilidade, que são as distribuições de probabilidade binomial e de poisson. Para as variáveis aleatórias contínuas, temos a distribuição normal de probabilidade, a qual estudaremos no Capítulo 7.

6.2
Distribuição binomial

A distribuição binomial é uma distribuição de probabilidade discreta aplicável sempre que se trata de um processo de amostragem no qual, em cada tentativa, há dois resultados possíveis e exclusivos, que chamamos de *sucesso* e *insucesso*. As séries de tentativas são formadas por eventos independentes, e a probabilidade de sucesso é constante em todas as tentativas. Essa distribuição é um modelo que fornece a probabilidade do número de sucessos quando um experimento é repetido. Assim, é a probabilidade de um evento ocorrer X vezes em N tentativas. Por exemplo, no lançamento de um dado, podemos calcular a probabilidade de ocorrerem três vezes o número 4 em cinco jogadas, ou seja, três vezes ($X = 3$) em 5 tentativas ($N = 5$).

Segundo Castanheira (2010), se p é a probabilidade de um evento acontecer em uma tentativa única, denominada *probabilidade de sucesso*, e q é a probabilidade de esse evento não ocorrer em qualquer tentativa, denominada *probabilidade de insucesso*, então a probabilidade de o evento ocorrer exatamente X vezes em N tentativas é dada por:

$$P(X) = \frac{N!}{X!(N-X)!} p^X \cdot q^{N-X}$$

em que:
N = tentativas
X = vezes
p = probabilidade de sucesso
q = 1 − p = probabilidade de insucesso
N! ou X! = fatorial

O fatorial de um número N é dado pela fórmula:

$$N! = N \cdot (N-1) \cdot (N-2) \cdot (N-3) \cdot ... \cdot 1$$

Vamos considerar N igual a 4 e calcular seu fatorial:

$$4! = 4 \cdot 3 \cdot 2 \cdot 1 = 24$$

A probabilidade de sucesso *p* pode ou não ser fornecida. Caso não seja informada, é necessário utilizar a fórmula do cálculo da probabilidade que estudamos no Capítulo 5:

$$P(A) = \frac{A}{S}$$

Para uma distribuição binomial, demonstra-se que a média e a variância são dadas por:
- Média = $\overline{X} = N \cdot p$
- Variância = $S^2 = N \cdot p \cdot q$

Exemplificando

Considere que um dado é jogado 5 vezes e determine a probabilidade de ocorrer, nessas jogadas, 3 vezes o número 4.

Para calcularmos a distribuição binomial, precisamos encontrar a quantidade de tentativas, a quantidade de vezes e a probabilidade de sucesso e de insucesso:
- N = tentativas = 5 jogadas
- X = vezes = 3

Não temos a probabilidade e, assim, precisamos encontrar esse valor. Como o experimento é o lançamento de um dado, o espaço amostral é S = {1, 2, 3, 4, 5, 6} e o evento é a saída do número 4, ou seja, A = {4}.

Com essas informações, calculamos a probabilidade:

$$P(A) = \frac{A}{S}$$

$$P(A) = \frac{1}{6} = 0,1667$$

Com o valor de p, calculamos o valor da probabilidade do insucesso (q):

$$q = 1 - p = 1 - 0,1667 = 0,8333$$

Conhecidos todos os valores, devemos substituí-los na fórmula da distribuição binomial:

- N = 5
- X = 3
- p = 0,1667
- q = 0,8333

$$P(x) = \frac{N!}{X!(N-X)!} p^x q^{N-X}$$

$$P(x) = \frac{5!}{3!(5-3)!} 0,1667^3 \, 0,8333^{5-3}$$

$$P(x) = \frac{120}{6(2)!} 0,0046 \cdot 0,6944$$

$$P(x) = \frac{120}{12} 0,0032$$

$$P(x) = 10 \cdot 0,0032 = 0,032 \cdot 100 = 3,2\%$$

–Exercícios resolvidos

1. Considerando-se que 5% dos parafusos produzidos por certa máquina são defeituosos, qual é a probabilidade de, em um lote de 10 parafusos, exatamente 2 serem defeituosos? Qual é a probabilidade de menos de 2 serem defeituosos?

Resolução:
Com base no enunciado, temos os seguintes dados:
- N = 10
- X = 2
- p = 5% = 5/100 = 0,05
- q = 1 − p = 1 − 0,05 = 0,95

Com os dados vistos anteriormente, aplicamos inicialmente a fórmula da distribuição binomial, para calcular a probabilidade de exatamente 2 serem defeituosos:

$$P(X) = \frac{10!}{2!(10-2)!} 0,05^2 \cdot 0,95^{10-2}$$

$$P(X) = \frac{3\,628\,800}{2(8)!} 0,0025 \cdot 0,6634$$

$$P(X) = \frac{3\,628\,800}{2 \cdot 40320} 0,0017$$

$$P(X) = \frac{3\,628\,800}{80640} 0,0017$$

$$P(X) = 45 \cdot 0,0017$$

$$P(X) = 0,0765$$

$$P(X) = 7,65\%$$

Agora, vamos encontrar a probabilidade de menos de 2 serem defeituosos. Precisamos encontrar a probabilidade de não ocorrer defeito (X = 0) e a probabilidade de ocorrer um defeito (X = 1). Com a substituição na fórmula, temos:

- X = 0

$$P(X) = \frac{10!}{0!(10-0)!} 0,05^0 \cdot 0,95^{10-0}$$

$$P(X) = 1 \cdot 1 \cdot 0,59874 = 0,59874$$

- X = 1

$$P(X) = \frac{10!}{1!(10-1)!} 0,05^1 \cdot 0,95^{10-1}$$

$$P(X) = 10 \cdot 0,05 \cdot 0,63025 = 0,31512$$

Por fim, somamos as probabilidades encontradas:

P(X < 2) = 0,59874 + 0,31512 = 0,91386 = 91,386%

2. Uma empresa vende *desktops* e *laptops*. Sabendo que 80% dos produtos que vende são *desktops* e 20% são *laptops*, encontre a probabilidade de que 3 dos próximos 4 produtos vendidos sejam *laptops*.

Resolução:

Analisando o enunciado, temos os seguintes valores:
- N = 4
- X = 3
- p = 20% = 20/100 = 0,20
- q = 1 − p = 1 − 0,20 = 0,80

Com base nos dados, aplicamos a fórmula da distribuição binomial:

$$P(X) = \frac{4!}{3!(4-3)!} 0,20^3 0,80^{4-3}$$

$$P(X) = \frac{24}{6 \cdot 1!} 0,008 \cdot 0,80$$

$$P(X) = \frac{24}{6} 0,0064$$

$$P(X) = 4 \cdot 0,0064 = 0,0256 = 2,56\%$$

Estudamos até aqui as características da distribuição binomial, que é utilizada sempre que queremos calcular a probabilidade de um evento ocorrer X vezes considerando um número de tentativas. No próximo tópico, veremos as características da distribuição de Poisson

6.3
Distribuição de Poisson

A distribuição de Poisson é utilizada para calcular a probabilidade de um número designado de sucessos por unidade de tempo ou espaço. Conforme Martins (2010), essa distribuição representa um modelo probabilístico adequado para o estudo de um grande número de fenômenos observáveis. Por exemplo, podemos citar chamadas telefônicas por minuto, acidentes por unidade de tempo, clientes chegando ao caixa por hora ou defeitos por unidade de tempo.

Para calcularmos a probabilidade de um número designado de sucessos por unidade de intervalo, *P(X)*, aplicamos esta fórmula:

$$P(x) = \frac{\lambda^X e^{-\lambda}}{X!}$$

em que:

X = número designado de sucessos

λ (lambda) = é o número médio de sucessos em um intervalo específico, ou seja, a média

e = base do logaritmo natural, ou 2,71828

Esse valor pode ser calculado utilizando-se uma calculadora, pela substituição de *e* por 2,71828, ou consultando-se a tabela a seguir, que fornece os valores de $e^{-\lambda}$.

Tabela 6.1 – Tabela dos valores de $e^{-\lambda}$

λ	$e^{-\lambda}$	λ	$e^{-\lambda}$
0,0	1,00000	2,5	0,08208
0,1	0,90484	2,6	0,07427
0,2	0,81873	2,7	0,06721
0,3	0,74082	2,8	0,06081
0,4	0,67032	2,9	0,05502
0,5	0,60653	3,0	0,04979
0,6	0,54881	3,2	0,04076
0,7	0,49659	3,4	0,03337
0,8	0,44933	3,6	0,02732
0,9	0,40657	3,8	0,02237
1,0	0,36788	4,0	0,01832
1,1	0,33287	4,2	0,01500
1,2	0,30119	4,4	0,01228
1,3	0,27253	4,6	0,01005
1,4	0,24660	4,8	0,00823
1,5	0,22313	5,0	0,00674

Fonte: Castanheira, 2010, p. 155.

Caso o valor da média não seja fornecido, antes de aplicarmos a distribuição de Poisson, precisamos calculá-la, utilizando λ = N · p, em que *N* é o número de tentativas e *p* é a probabilidade de sucesso. Essa fórmula é utilizada quando *N* é um valor muito grande e a probabilidade *p* de sucesso é muito pequena.

Para a distribuição de Poisson, demonstra-se que a variância é igual à média, ou seja, $S^2 = N \cdot p$.

Exemplificando

Uma empresa recebe, em média, 5 requisições por hora. Qual é a probabilidade de receber 2 requisições em uma hora selecionada aleatoriamente?

Verificando o enunciado, temos os seguintes valores de *X* e λ:
- X = 2
- λ = média = 5

Agora, aplicamos a fórmula da distribuição:

$$P(x) = \frac{\lambda^X e^{-\lambda}}{X!}$$

$$P(x) = \frac{5^2 e^{-5}}{2!} = \frac{25 \cdot 0,00674}{2}$$

$$P(x) = \frac{0,16845}{2} = 0,08422 = 8,422\%$$

A probabilidade de ocorrerem 2 requisições em uma hora selecionada é de 8,422%.

-Exercício resolvido

A probabilidade de um transistor em um instrumento eletrônico falhar, durante uma hora de operação, é igual a 0,005. Calcule a probabilidade de:

a. Não haver falhas em 80 horas de operação.

Resolução:

Como o valor da média não foi fornecido, antes de aplicarmos a distribuição de Poisson, precisamos calculá-la, utilizando λ = N · p, em que *N* é o número de tentativas e *p* é a probabilidade de sucesso. Assim:

- N = 80 horas
- p = 0,005

$\lambda = N \cdot p$
$\lambda = 80 \cdot 0,005 = 0,4$

Como não queremos ter falhas em 80 horas de operação, o valor de *X* é igual a zero:

$$P(x) = \frac{\lambda^x e^{-\lambda}}{X!}$$

$$P(x) = \frac{0,4^0 e^{-0,4}}{0!} = \frac{1 \cdot 0,67032}{1}$$

$$P(x) = 0,67032 = 67,032\%$$

b. Haver menos de 2 falhas em 80 horas de operação.

Resolução:

Como queremos menos de 2 falhas, precisamos calcular a probabilidade de não haver nenhuma falha mais a probabilidade de apenas 1 falha. Sabemos pela questão "a" que a probabilidade de não haver falha é de 0,67032. Desse modo, vamos calcular a probabilidade de ocorrer 1 falha, ou seja, X = 1.

$$P(x) = \frac{\lambda^x e^{-\lambda}}{X!}$$

$$P(x) = \frac{0,4^1 e^{-0,4}}{1!} = \frac{0,4 \cdot 0,67032}{1}$$

$$P(x) = 0,268128$$

Para encontrarmos a probabilidade de haver menos de 2 falhas em 80 horas de operação, precisamos somar os valores encontrados:

P(X < 2) = P(X = 0) + P(X = 1)
P(X < 2) = 0,67032 + 0,268128 = 0,938448

Estudamos a distribuição de Poisson, que é utilizada quando queremos calcular a probabilidade de um número designado de sucessos por unidade de tempo, sendo empregada no cálculo a média, que é o número médio de sucessos em determinado intervalo.

Síntese

Neste capítulo, vimos os principais conceitos que envolvem a distribuição de probabilidade e, em particular, estudamos a distribuições binomial e de Poisson, que são distribuições discretas.

A distribuição binomial é utilizada quando calculamos a probabilidade de um evento ocorrer X vezes em N tentativas realizadas. Já a distribuição de Poisson é utilizada quando calculamos a probabilidade de um evento ocorrer considerando uma unidade de tempo – por exemplo, a probabilidade de chamadas telefônicas por minuto ou de clientes chegando a uma fila para atendimento por hora.

Questões para revisão

1. Uma distribuição de probabilidade é um modelo matemático para a distribuição real de frequências. Entre as distribuições, temos a distribuição binomial e a distribuição de Poisson. Considerando essas duas categorias, avalie as afirmações a seguir:
    I. A distribuição de Poisson expressa a probabilidade de ocorrência de uma série de eventos em determinado tempo.
    II. A distribuição binomial fornece a probabilidade do número de sucessos quando um experimento é repetido.
    III. A distribuição de Poisson é utilizada quando temos tentativas e vezes dentro de um intervalo de tempo.

    É correto aquilo que se afirma em:
    a) I, apenas.
    b) II, apenas.
    c) I e II, apenas.
    d) I, II e III.
    e) III, apenas.

2. Clientes chegam a um banco de forma aleatória e independente. Supondo-se uma taxa média de chegada igual a 3 clientes por minuto, qual é a probabilidade de ocorrerem exatamente 3 chegadas no período de um minuto?
    a) 17%.
    b) 22,41%.
    c) 15,87%.

d) 50%.
e) 25,90%.

3. Um equipamento está produzindo 40% de peças com defeito. Supondo que 4 peças foram selecionadas aleatoriamente, durante um dia de produção, determine qual é a probabilidade de exatamente 3 peças serem defeituosas.

4. Há uma probabilidade de 30% de uma pessoa participar de um sorteio e ganhar essa promoção. Determine qual é a probabilidade de que, entre 6 pessoas que estão participando do sorteio, haver 2 que se beneficiem da promoção.

5. Um equipamento eletrônico é instalado em um circuito, e a probabilidade de esse equipamento funcionar mais de 700 horas é de 30%. Escolhendo-se 10 equipamentos, qual será a probabilidade de que, entre eles, exatamente 3 funcionem mais de 700 horas?

6. Em média, 6 clientes passam em um caixa por hora. Qual é a probabilidade de 3 clientes passarem em uma hora selecionada?

7. Em média, 8 pessoas por dia consultam um especialista em determinada fábrica. Qual é a probabilidade de que, em um dia selecionado aleatoriamente, exatamente 3 pessoas façam tal consulta?
   a) 3,901%.
   b) 2,550%.
   c) 3,556%.
   d) 2,895%.
   e) 2,901%.

-Questões para reflexão-

1. Foi verificado que 5% de determinados equipamentos apresentam algum tipo de defeito. Uma empresa comprou 20 desses equipamentos. Calcule a probabilidade de ela ter adquirido menos de 4 equipamentos com defeito.

2. A média de chamados na área de manutenção é de 3 chamados por hora. Qual é a probabilidade de haver 3 chamados em 20 minutos?

Para saber mais

Para se aprofundar nos assuntos tratados neste capítulo, consulte a obra indicada a seguir.

OLIVEIRA, F. E. M. **Estatística e probabilidade**. São Paulo: Atlas, 1999.

capítulo

7

Conteúdos do capítulo

- Distribuição normal.
- Aplicações da distribuição normal.

Após o estudo deste capítulo, você será capaz de:

1. compreender o conceito de distribuição normal;
2. aplicar a distribuição normal em problemas práticos.

Distribuição de probabilidade contínua

No Capítulo 6, tratamos das distribuições de probabilidade discretas e vimos que a distribuição binomial é aplicada quando buscamos a probabilidade de um evento ocorrer X vezes em N tentativas. Já a distribuição de Poisson é aplicada quando calculamos a probabilidade de um evento em uma unidade de tempo. Neste capítulo, vamos analisar a distribuição normal, que utiliza a variável aleatória contínua e é aplicada quando calculamos a probabilidade em determinado intervalo.

7.1
Distribuição normal

A distribuição normal é uma das distribuições mais empregadas, e constitui a base teórica de toda inferência estatística. Essa distribuição utiliza dois parâmetros, a média e o desvio padrão, e o principal interesse em sua aplicação consiste em obter a probabilidade de uma variável assumir um valor em determinado intervalo.

Segundo Walpole et al. (2009), a mais importante das distribuições de probabilidade contínuas em todo o campo da estatística é a distribuição normal. Seu gráfico descreve muito dos fenômenos que ocorrem na natureza, na indústria e nas pesquisas.

Medições físicas em áreas como experimentos meteorológicos, estudos sobre chuvas e medições de peças manufaturadas são realizados mais do que adequadamente por meio da distribuição normal. Além disso, erros em medições científicas são muito bem aproximados por essa distribuição.

A **função densidade de probabilidade** de uma variável X com distribuição normal é dada por:

$$f(x) = \frac{1}{S\sqrt{2\pi}} e^{-\frac{1}{2}\left(\frac{X-\lambda}{S}\right)^2}$$

A representação gráfica da distribuição normal é uma curva em forma de sino, simétrica em torno da média, sendo denominada *curva normal* ou *curva de Gauss*. Podemos visualizá-la no Gráfico 7.1, a seguir

Gráfico 7.1 – Curva de distribuição normal

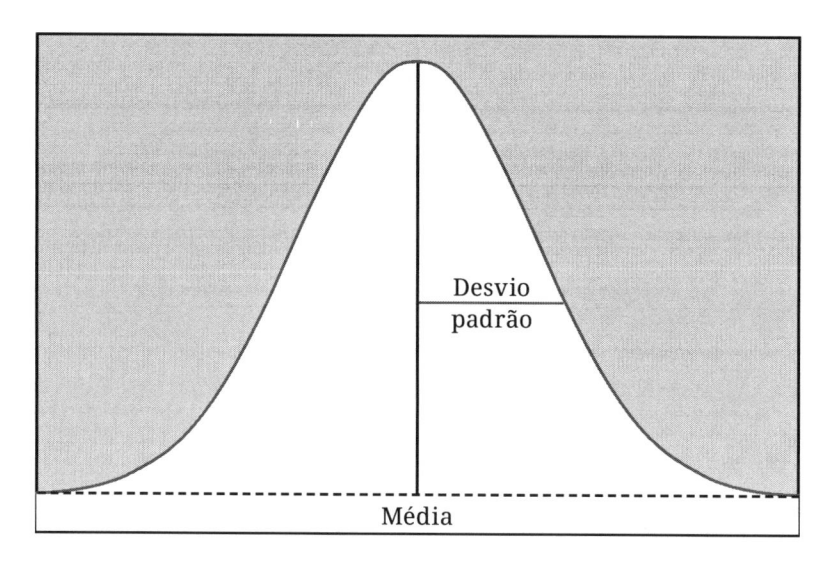

A área total limitada pela curva é igual a 1, que equivale a 100%, já que essa área corresponde à probabilidade de a variável aleatória X assumir qualquer valor real. Como a curva é simétrica em torno da

média, a probabilidade de ocorrer valor maior que a média é igual à probabilidade de ocorrer valor menor que a média. Logo, a média corta a distribuição ao meio, e ambas as probabilidades são iguais a 0,5 ou 50%, conforme ilustra o Gráfico 7.2.

Gráfico 7.2 – Probabilidade de distribuição normal

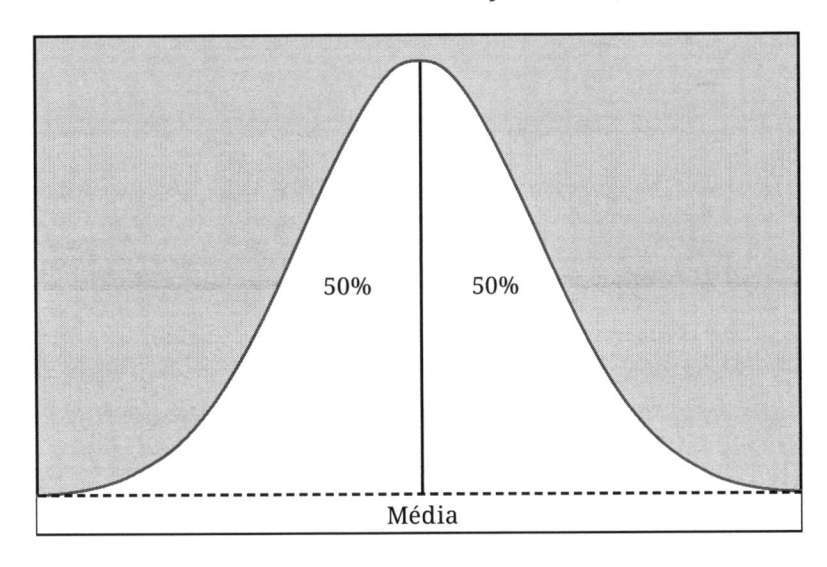

Segundo Castanheira (2010), qualquer conjunto de valores X, normalmente distribuídos, pode ser convertido em valores normais padronizados Z pela fórmula a seguir. Esta é a fórmula reduzida da distribuição normal com média igual a zero e desvio padrão igual a um:

$$Z = \frac{X - \lambda}{S}$$

Em que:
λ = média
S = desvio padrão

Quando calculamos o valor de Z, encontramos a probabilidade entre a média e o valor de X, conforme observamos no Gráfico 7.3

Gráfico 7.3 – Valor de Z na distribuição normal

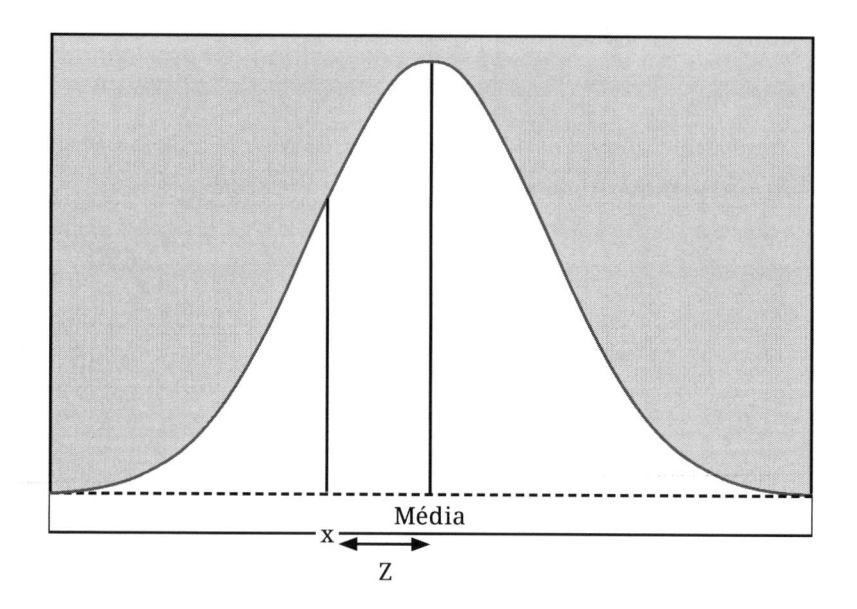

Depois de calcularmos o parâmetro Z, precisamos encontrar o valor da distribuição normal; para isso, utilizamos o valor de Z, que é tabelado. A Tabela 7.1 indica as proporções de área para vários intervalos de valores para a distribuição de probabilidade normal padronizada, com a fronteira inferior do intervalo começando sempre na média.

Tabela 7.1 – Tabela de distribuição normal

Z	0,00	0,01	0,02	0,03	0,04	0,05	0,06	0,07	0,08	0,09
0,0	0,0000	0,0040	0,0080	0,0120	0,0160	0,0199	0,0239	0,0279	0,0319	0,0359
0,1	0,0398	0,0438	0,0478	0,0517	0,0557	0,0596	0,0636	0,0675	0,0714	0,0753
0,2	0,0793	0,0832	0,0871	0,0910	0,0948	0,0987	0,1026	0,1064	0,1103	0,1141
0,3	0,1179	0,1217	0,1255	0,1293	0,1331	0,1368	0,1406	0,1443	0,1480	0,1517
0,4	0,1554	0,1591	0,1628	0,1664	0,1700	0,1736	0,1772	0,1808	0,1844	0,1879
0,5	0,1915	0,1950	0,1985	0,2019	0,2054	0,2088	0,2123	0,2157	0,2190	0,2224
0,6	0,2257	0,2291	0,2324	0,2357	0,2389	0,2422	0,2454	0,2486	0,2517	0,2549
0,7	0,2580	0,2611	0,2642	0,2673	0,2704	0,2734	0,2764	0,2794	0,2823	0,2852
0,8	0,2881	0,2910	0,2939	0,2967	0,2995	0,3023	0,3051	0,3078	0,3106	0,3133
0,9	0,3159	0,3186	0,3212	0,3238	0,3264	0,3289	0,3315	0,3340	0,3365	0,3389
1,0	0,3413	0,3438	0,3461	0,3485	0,3508	0,3531	0,3554	0,3577	0,3599	0,3621
1,1	0,3643	0,3665	0,3686	0,3708	0,3729	0,3749	0,3770	0,3790	0,3810	0,3830

(continua)

(Tabela 7.1 – conclusão)

Z	0,00	0,01	0,02	0,03	0,04	0,05	0,06	0,07	0,08	0,09
1,2	0,3849	0,3869	0,3888	0,3907	0,3925	0,3944	0,3962	0,3980	0,3997	0,4015
1,3	0,4032	0,4049	0,4066	0,4082	0,4099	0,4115	0,4131	0,4147	0,4162	0,4177
1,4	0,4192	0,4207	0,4222	0,4236	0,4251	0,4265	0,4279	0,4292	0,4306	0,4319
1,5	0,4332	0,4345	0,4357	0,4370	0,4382	0,4394	0,4406	0,4418	0,4429	0,4441
1,6	0,4452	0,4463	0,4474	0,4484	0,4495	0,4505	0,4515	0,4525	0,4535	0,4545
1,7	0,4554	0,4564	0,4573	0,4582	0,4591	0,4599	0,4608	0,4616	0,4625	0,4633
1,8	0,4641	0,4649	0,4656	0,4664	0,4671	0,4678	0,4686	0,4693	0,4699	0,4706
1,9	0,4713	0,4719	0,4726	0,4732	0,4738	0,4744	0,4750	0,4756	0,4761	0,4767
2,0	0,4772	0,4778	0,4783	0,4788	0,4793	0,4798	0,4803	0,4808	0,4812	0,4817
2,1	0,4821	0,4826	0,4830	0,4834	0,4838	0,4842	0,4846	0,4850	0,4854	0,4857
2,2	0,4861	0,4864	0,4868	0,4871	0,4875	0,4878	0,4881	0,4884	0,4887	0,4890
2,3	0,4893	0,4896	0,4898	0,4901	0,4904	0,4906	0,4909	0,4911	0,4913	0,4916
2,4	0,4918	0,4920	0,4922	0,4925	0,4927	0,4929	0,4931	0,4932	0,4934	0,4936
2,5	0,4938	0,4940	0,4941	0,4943	0,4945	0,4946	0,4948	0,4949	0,4951	0,4952
2,6	0,4953	0,4955	0,4956	0,4957	0,4959	0,4960	0,4961	0,4962	0,4963	0,4964
2,7	0,4965	0,4966	0,4967	0,4968	0,4969	0,4970	0,4971	0,4972	0,4973	0,4974
2,8	0,4974	0,4975	0,4976	0,4977	0,4977	0,4978	0,4979	0,4979	0,4980	0,4981
2,9	0,4981	0,4982	0,4982	0,4983	0,4984	0,4984	0,4985	0,4985	0,4986	0,4986
3,0	0,4987	0,4987	0,4987	0,4988	0,4988	0,4989	0,4989	0,4989	0,4990	0,4990

Fonte: Castanheira, 2016, p. 85.

Observação: As áreas para os valores de Z negativos são obtidos por simetria.

Vimos que a distribuição normal é uma distribuição contínua utilizada para obter a probabilidade de uma variável assumir um valor em determinado intervalo. Para o cálculo, utilizamos a média, o desvio padrão, o parâmetro Z e a tabela que demonstra a probabilidade de ocorrência. Vamos verificar, a seguir, como aplicar esses conceitos em diferentes situações.

7.2
Aplicações da distribuição normal

Para calcularmos a distribuição normal, precisamos dos valores da média, do desvio padrão e de X; então aplicamos a fórmula para encontrar o parâmetro Z, procuramos o valor de Z na tabela e, depois disso, interpretamos o intervalo solicitado para encontrarmos a probabilidade desejada.

Já conhecemos os parâmetros da distribuição normal. Vamos, agora, aplicar esses conceitos em alguns exercícios.

-Exercícios resolvidos

1. Uma empresa fabrica parafusos cujo diâmetro tem distribuição normal com média de 2 cm e desvio padrão de 0,04 cm. Qual é a probabilidade de um parafuso ter o diâmetro com valor entre 2 e 2,05 cm?

Resolução:
Queremos calcular a probabilidade de o diâmetro apresentar valor entre 2 e 2,05, conforme exposto no Gráfico 7.4

Gráfico 7.4 – Curva de distribuição normal

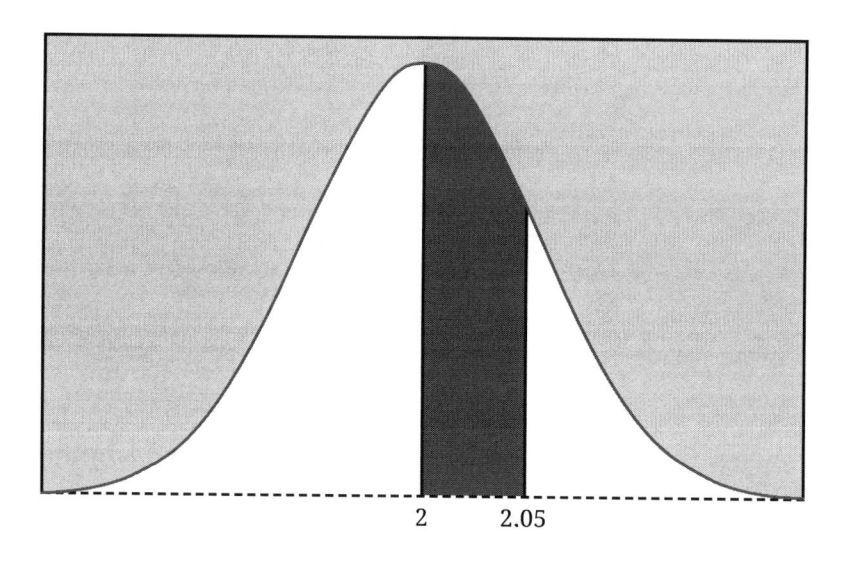

Vamos calcular o valor de Z com os valores de X, λ e S. Como queremos calcular diâmetro entre 2 e 2,05, sendo 2 a média, então 2,05 será o valor de X. O valor da média e o desvio padrão são dados assim:

- $X = 2,05$
- $\lambda = 2$
- $S = 0,04$

Vamos encontrar Z aplicando esta fórmula:

$$Z = \frac{X - \lambda}{s}$$

$$Z = \frac{2,05 - 2}{0,04} = 1,25$$

Verificamos, agora, na Tabela 7.1 o valor de Z = 1,25. Procuramos na primeira coluna o valor até a primeira casa decimal = **1,2**. Em seguida, encontramos na primeira linha o valor **0,05**, o qual corresponde ao último algarismo do número **1,25**. Na interseção da linha e da coluna correspondentes, encontramos o valor **0,3944**; esse valor é a probabilidade que procuramos. A probabilidade de certo parafuso apresentar um diâmetro entre 2 e 2,05 cm é de 39,44% (P(X) = 0,3944 · 100 = 39,44%).

2. A remuneração média por semana dos trabalhadores do setor de produção é de R$ 441,84. Suponha que os salários estejam normalmente distribuídos, com um desvio padrão de R$ 90,00. Escolhendo-se aleatoriamente um trabalhador, qual é a probabilidade de ele ganhar menos de R$ 250,00 por semana?

Resolução:

O enunciado fornece os seguintes valores:
- $\lambda = 441,84$
- X = 250
- S = 90

Com base nos dados, calculamos o valor de Z utilizando a fórmula e buscamos esse valor na tabela de distribuição normal (Tabela 7.1):

$$Z = \frac{X - \lambda}{s}$$

$$z = \frac{250 - 441,84}{90} = -2,13$$

Verificamos que o valor de Z é negativo e não temos valores negativos na tabela; porém, sabemos que os valores negativos são obtidos por simetria. Logo, o valor procurado é 0,4834, considerando-se 2,1 na vertical e 0,03 na horizontal.

O exercício solicita a probabilidade para ganho menor que R$ 250,00, conforme consta a seguir, na área destacada do Gráfico 7.5.

Gráfico 7.5 – Curva de distribuição normal

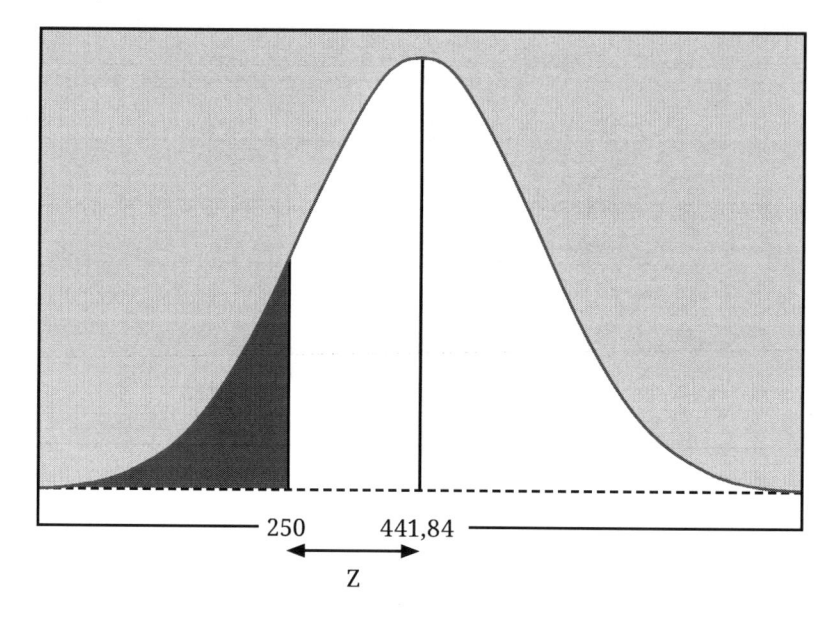

O parâmetro Z calcula a probabilidade entre a média e o valor de X, o qual, neste caso, é 250. Queremos encontrar ganho menor que X, ou seja, valores menores que R$ 250,00. Dessa forma, precisamos diminuir 0,50 do valor da tabela, pois cada metade da curva representa 50% de probabilidade, conforme indicado no Gráfico 7.2. Assim:

0,50 − 0,4834 = 0,01660 · 100 = 1,66%

A probabilidade de um trabalhador ganhar menos de R$ 250,00 por semana é de 1,66%.

3. Uma empresa realizou um estudo indicando que o salário semanal de seus operários é distribuído normalmente em torno de uma média de R$ 80,00, com desvio padrão de R$ 5,00. O diretor da empresa está interessado em saber qual é a probabilidade de um operário ter um salário semanal acima de R$ 85,00.

Resolução:
Para encontrarmos a probabilidade, calculamos o valor de Z com os seguintes dados:
- $\lambda = 80$
- $X = 85$
- $S = 5$

$$Z = \frac{85-80}{5} = 1$$

Procurando Z na Tabela 7.1, encontramos uma probabilidade de 0,3413. Contudo, como queremos identificar a porcentagem acima de R$ 85,00, conforme consta no Gráfico 7.6, a seguir, precisamos diminuir a probabilidade encontrada de 50% ou 0,5.

Gráfico 7.6 – Curva da distribuição normal

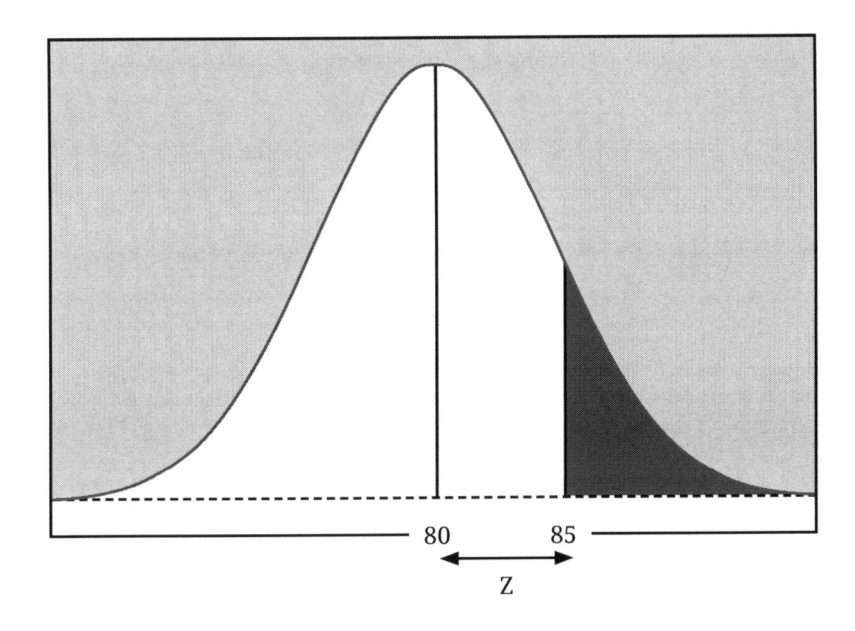

0,5 – 0,3413 = 0,1587 · 100 = 15,87%

A probabilidade de um operário ter um salário semanal acima de R$ 85,00 é de 15,87%.

4. Um grupo apresenta idade média igual a 20 anos e desvio padrão de 2 anos. Determine qual é o percentual desse grupo que tem idade entre 17 e 22 anos.

Resolução:

Aqui, estamos interessados em encontrar o percentual de idade entre 17 e 22 anos, sabendo que $\lambda = 20$ e S = 2. Vamos analisar, a seguir, o Gráfico 7.7

Gráfico 7.7 – Curva da distribuição normal

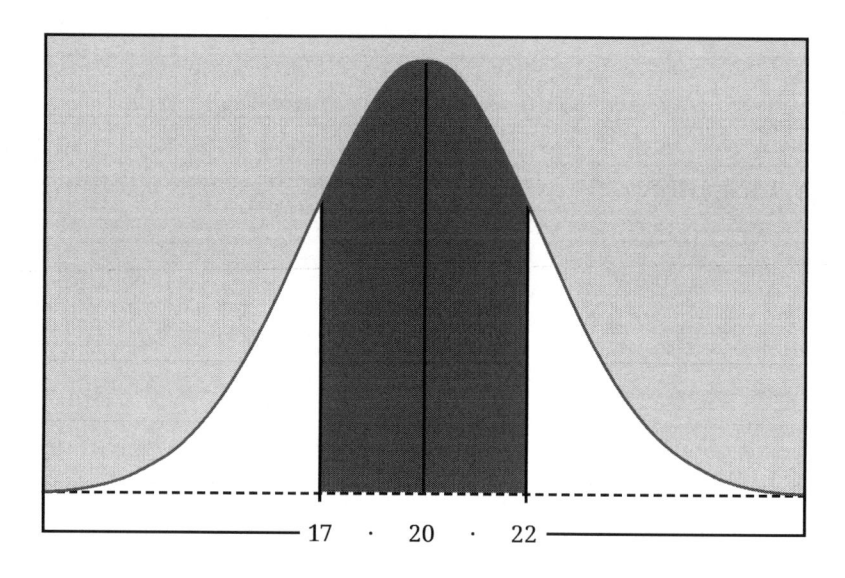

Como o intervalo procurado apresenta um número menor e outro maior que a média, precisamos calcular dois valores para Z, sendo X = 17 e X = 22.

- X = 17

$$z = \frac{17-20}{2} = -1,5$$

Procurando Z na Tabela 7.1, encontramos 0,4332.

- X = 22

$$z = \frac{22-20}{2} = 1$$

Procurando Z na Tabela 7.1, encontramos 0,3413.

Agora, precisamos somar os valores obtidos, pois, ao calcularmos o valor de Z para X = 17, encontramos a probabilidade de 17 até 20, que é a média. Para X = 22, encontramos a probabilidade de 20 até 22:

0,4332 + 0,3413 = 0,7745 = 77,45%

O percentual desse grupo que tem idade entre 17 e 22 anos é de 77,45%.

5. Analisando-se as notas da disciplina de Estatística, verificou-se que elas têm distribuição aproximadamente normal, com média igual a 6 e desvio padrão igual a 1. Qual é a probabilidade de um aluno tirar nota entre 6,5 e 8,5?

Resolução:

Precisamos, primeiramente, calcular a probabilidade de os alunos tirarem nota entre 6,5 e 8,5, conforme consta a seguir, na área destacada do Gráfico 7.8.

Gráfico 7.8 – Curva de distribuição normal

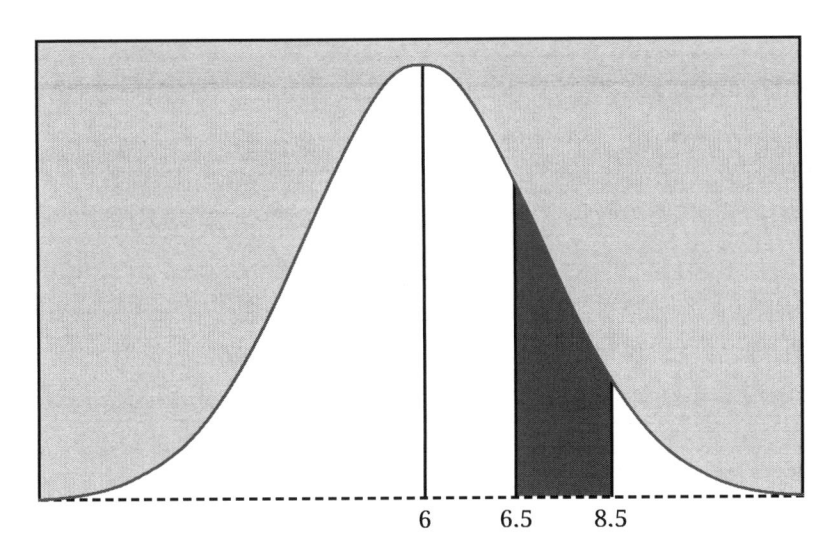

Analisando o gráfico, vemos que será necessário calcular dois valores para Z, sendo X = 6,5 e X = 8,5.

- X = 6,5

$$z = \frac{6,5 - 6}{1} = 0,5$$

Procurando Z na Tabela 7.1, encontramos 0,1915.

- X = 8,5

$$z = \frac{8,5 - 6}{1} = 2,5$$

Procurando Z na Tabela 7.1, encontramos 0,4938.

Sabemos que, ao calcularmos o Z, temos a probabilidade entre a média e o X. Assim, quando calculamos X = 8,5, encontramos a probabilidade entre 6 e 8,5. Como queremos a probabilidade entre

6,5 e 8,5, precisamos diminuir a probabilidade calculada para X = 6,5, que é a probabilidade entre 6 e 6,5.

Assim:

0,4938 − 0,1915 = 0,3023 = 30,23%

Nos exercícios apresentados, verificamos que, após o cálculo do parâmetro Z e a avaliação da tabela, precisamos interpretar o intervalo solicitado para encontrar o valor da probabilidade desejada. Para ajudar nessa interpretação, podemos avaliar a curva da distribuição normal.

-Síntese

Neste capítulo, vimos os principais conceitos que envolvem a distribuição de probabilidade contínua. Estudamos que a distribuição normal utiliza dois parâmetros, a média e o desvio padrão, e que o principal interesse em sua aplicação consiste em obter a probabilidade de uma variável assumir um valor em determinado intervalo.

Essa distribuição é a mais utilizada e constitui a base teórica de toda inferência estatística, podendo ser empregada em diferentes áreas.

-Questões para revisão

1. Uma distribuição de probabilidade é um modelo matemático para a distribuição real de frequências. Sobre a distribuição normal, avalie as afirmações a seguir:
   I. É uma distribuição de probabilidade discreta na qual cada tentativa do experimento só resulta em sucesso (p) e fracasso (q).
   II. O principal interesse em sua aplicação consiste em obter a probabilidade de uma variável assumir qualquer valor fracionário dentro de um intervalo definido de valores.
   III. É usada para encontrar a probabilidade de um número designado de sucessos por unidade de tempo.
   IV. É representada por uma curva, conhecida como *curva de Gauss*.

É correto o que se afirma em:
a) I, apenas.
b) II e III, apenas.
c) II e IV, apenas.
d) I, II e III.
e) III e IV, apenas.

2. Uma fábrica realizou um estudo indicando que o salário semanal de seus operários é distribuído normalmente em torno de uma média de R$ 80,00, com desvio padrão de R$ 5,00. Com base no gráfico a seguir, o qual representa a distribuição normal padrão (média igual a 0 e desvio padrão igual a 1), em que as porcentagens representam as probabilidades entre os valores de desvio padrão, assinale a alternativa que apresenta a porcentagem de operários com salário abaixo de 75:

Gráfico A – Distribuição normal padrão

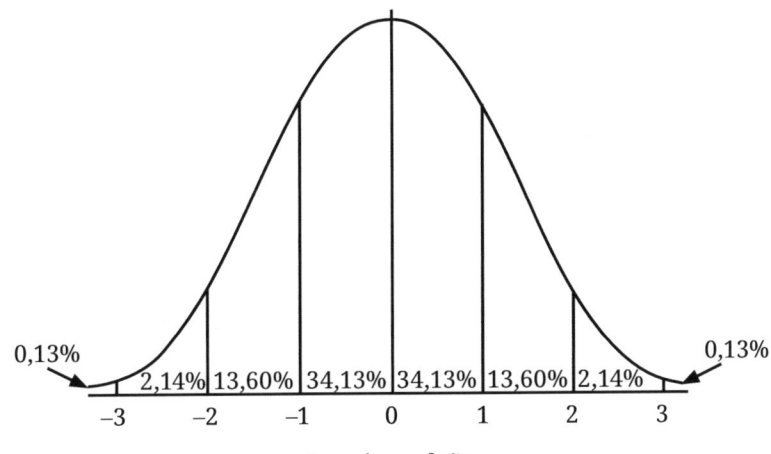

a) 17%.
b) 20,87%.
c) 15,87%.
d) 50%.
e) 25,90%.

3. Uma fábrica realizou um estudo indicando que o salário semanal de seus operários é distribuído normalmente em torno de uma média de R$ 80,00, com desvio padrão de R$ 5,00. Qual é a probabilidade de um operário ter um salário semanal entre R$ 80,00 e R$ 85,00?
   a) 17%.
   b) 20,87%.
   c) 15,87%.
   d) 50%.
   e) 34,13%.

4. Uma indústria fabrica componentes que têm vida útil, normalmente distribuída, com média igual a 800 horas e desvio padrão de 40 horas. Qual é a probabilidade de que um componente queime entre 778 e 834 horas?

5. Uma pesquisa revelou que a média de preços de certo produto é de R$ 30,00 e o desvio padrão é de R$ 8,20. Suponha que os preços se distribuam normalmente e calcule qual é a probabilidade de uma empresa ter um preço menor que R$ 20,00.

6. Uma fábrica de pneus verificou que o desgaste de seus produtos obedecia a uma distribuição normal, com média de 72.000 km e desvio padrão de 3.000 km. Qual é a probabilidade de um pneu, aleatoriamente escolhido, durar entre 69.000 km e 75.000 km?

–Questões para reflexão

1. Um fábrica produz peças cujo diâmetro externo apresenta média de 40 mm e desvio padrão de 2,0 mm. Qual é a probabilidade de serem fabricadas peças defeituosas com os diâmetros externos indicados a seguir?
   a) Diâmetros inferiores a 37 mm.
   b) Diâmetros superiores a 44 mm.
   c) D'iâmetros que se desviam mais de 2,0 mm da média.

2. Certa indústria produz resistores cuja resistência segue uma distribuição normal com média de 200 ohms e desvio padrão de 5 ohms. Considerando-se um lote de 2.000 resistores, quantos terão resistência entre 185 e 213 ohms?

Para saber mais

Consulte as indicações a seguir para saber mais sobre os assuntos abordados neste capítulo.

FORTE, W. Distribuição normal padrão. **Finanças e investimentos**, 13 abr. 2010. Disponível em: <http://walterforte.blogspot.com/2010/04/distribuicao-normal-tambem-conhecida.html>. Acesso em: 31 jan. 2022.

RODRIGUES, L. O que é, para que serve e como calcular a distribuição normal? **Grupo Voitto**, 17 mar. 2020. Disponível em: <https://www.voitto.com.br/blog/artigo/distribuicao-normal>. Acesso em: 31 jan. 2022.

SANTOS, V. F. M. dos. Seis Sigma: qual é a curva de distribuição normal? **FM2S**, 13 out. 2021. Disponível em: <https://www.fm2s.com.br/seis-sigma-qual-a-curva-de-distribuio-normal/#:~:text=O%20Seis%20Sigma%20%C3%A9%20uma,com%20as%20regras%20da%20metodologia.>. Acesso em: 31 jan. 2022.

CARVALHO, R. Six Sigma: o que é essa metodologia de qualidade. **Vida de Produto**, 27 out. 2020. Disponível em: <https://vidadeproduto.com.br/six-sigma/>. Acesso em: 31 jan. 2022.

capítulo 8

Conteúdos do capítulo

- Estimação.
- Intervalo de confiança.
- Tamanho da amostra.
- Intervalo de confiança para a proporção.

Após o estudo deste capítulo, você será capaz de:

1. calcular o intervalo de confiança das médias e da proporção;
2. calcular o tamanho da amostra.

Inferência estatística: intervalo de confiança

No Capítulo 1, abordamos a inferência estatística, que utilizamos quando deduzimos informações relativas a uma população por meio do estudo de amostras. Essa estimação pode ocorrer por ponto ou por intervalo, conforme veremos neste capítulo.

8.1 Estimação

Vimos, no Capítulo 1, que a estatística é dividida em estatística descritiva e inferência estatística, a qual permite obter informações da população com base nos elementos da amostra. Sempre que trabalhamos com amostra, existe um erro envolvido, considerando-se, assim, o intervalo de confiança.

Segundo Castanheira (2010), para realizarmos uma inferência, precisamos tratar de temas que envolvem amostragem, estimação e intervalo de confiança. A amostragem consiste em selecionar parte de uma população para observar, de modo que seja possível estimar alguma coisa sobre toda essa população.

O referido autor definiu *estimativa* como o valor atribuído ao estimador, sendo um estimador uma grandeza baseada em observações feitas em uma amostra e que é considerada como indicador de um parâmetro populacional desconhecido (Castanheira, 2010). A estimativa pode ocorrer por ponto ou por intervalo.

O QUE É
A **estimativa por ponto** é um valor único obtido por meio de cálculos efetuados na amostra e que serve como uma aproximação do parâmetro.

Exemplificando
Vamos considerar uma amostra de 1 000 peças, as quais passaram por uma inspeção de qualidade. Suponha que 700 dessas peças estão perfeitas; dessa forma, pela estimativa por ponto, temos que 70% das peças são produzidas dentro das especificações. Ou seja:

$$\frac{700}{1000} = 0{,}7 \cdot 100 = 70\%$$

O exemplo anterior apresenta um único valor, que se caracteriza como um estimador pontual. Quando utilizamos um estimador pontual, temos um ponto negativo, pois ele raramente é igual ao parâmetro exato da população. Desse modo, podemos utilizar uma estimativa mais apropriada, especificando um intervalo de valores. Podemos, assim, trabalhar com a estimativa por intervalo, a qual constrói um intervalo em torno da estimativa por ponto.

O QUE É
Conforme Castanheira (2010), a **estimativa por intervalo** – também denominada *intervalo de confiança* – para um parâmetro é uma faixa de valores possíveis e aceitos como verdadeiros, na qual se estima encontrar o parâmetro.

Isso permite diminuir o tamanho do erro que estamos cometendo e, quanto menor for o comprimento do intervalo, maior será a precisão dos cálculos.

8.2
Intervalo de confiança

De acordo com a compreensão de Martins (2010), uma estimativa por intervalo para um parâmetro populacional é um intervalo determinado por dois números, obtidos com base em elementos amostrais, que se espera que contenham o valor do parâmetro com dado nível de confiança. Se o comprimento do intervalo é pequeno, temos um elevado grau de precisão da inferência realizada. As estimativas dessa natureza são denominadas *intervalos de confiança*.

O intervalo de confiança é um intervalo de valores com probabilidade de conter o valor desconhecido e associado a um nível de confiança; é um número que exprime o grau de confiança desse intervalo. Com uma estimativa pontual e uma margem de erro, podemos construir um intervalo de confiança de um parâmetro populacional tal como a média.

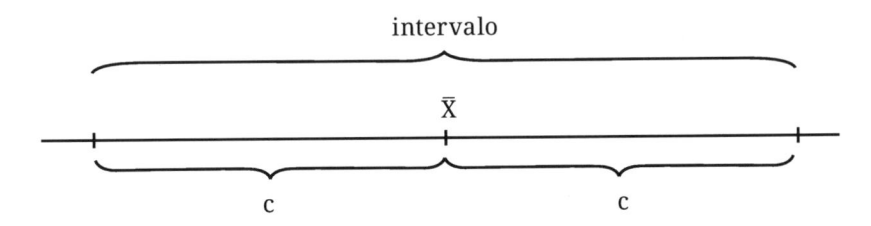

O valor de *c* é chamado de **erro amostral** e é obtido pela fórmula:

$$c = Z \frac{\sigma}{\sqrt{n}}$$

em que:
Z = distribuição normal padronizada
σ = desvio padrão da população
n = tamanho da amostra

Depois de calcularmos o valor de *c*, determinamos o intervalo de confiança:

$$\overline{X} - c \leq \mu \leq \overline{X} + c$$

em que:
- $\overline{X}$ = média da amostra
- μ = média da população

Exemplificando

Os integrantes de determinado grupo têm peso médio de 68 kg, com desvio padrão de 3 kg. Qual é o intervalo de confiança, considerando-se um nível de confiança igual a 90% e uma amostra de 64 pessoas?

Encontramos, primeiramente, o valor de Z, tendo em vista o nível de confiança, que é igual a 90%. Dividimos, então, o nível de confiança por 2 e, depois, por 100. Assim, procuramos o valor obtido na tabela de distribuição normal (Tabela 8.1):

$$\frac{90\%}{2} = \frac{45\%}{100} = 0,45$$

Observação: dividimos o nível de confiança por dois, pois a tabela de distribuição normal mostra a metade da área sob a curva normal.

Na tabela, buscamos o valor no centro e, ao encontrá-lo, verificamos seu correspondente na vertical e na horizontal, conforme demonstrado a seguir.

Tabela 8.1 – Tabela de distribuição normal

Z	0,00	0,01	0,02	0,03	0,04	0,05	0,06	0,07	0,08	0,09
0,0	0,0000	0,0040	0,0080	0,0120	0,0160	0,0199	0,0239	0,0279	0,0319	0,0359
0,1	0,0398	0,0438	0,0478	0,0517	0,0557	0,0596	0,0636	0,0675	0,0714	0,0753
0,2	0,0793	0,0832	0,0871	0,0910	0,0948	0,0987	0,1026	0,1064	0,1103	0,1141
0,3	0,1179	0,1217	0,1255	0,1293	0,1331	0,1368	0,1406	0,1443	0,1480	0,1517
0,4	0,1554	0,1591	0,1628	0,1664	0,1700	0,1736	0,1772	0,1808	0,1844	0,1879
0,5	0,1915	0,1950	0,1985	0,2019	0,2054	0,2088	0,2123	0,2157	0,2190	0,2224
0,6	0,2257	0,2291	0,2324	0,2357	0,2389	0,2422	0,2454	0,2486	0,2517	0,2549
0,7	0,2580	0,2611	0,2642	0,2673	0,2704	0,2734	0,2764	0,2794	0,2823	0,2852
0,8	0,2881	0,2910	0,2939	0,2967	0,2995	0,3023	0,3051	0,3078	0,3106	0,3133
0,9	0,3159	0,3186	0,3212	0,3238	0,3264	0,3289	0,3315	0,3340	0,3365	0,3389
1,0	0,3413	0,3438	0,3461	0,3485	0,3508	0,3531	0,3554	0,3577	0,3599	0,3621

(continua)

(Tabela 8.1 – conclusão)

Z	0,00	0,01	0,02	0,03	0,04	0,05	0,06	0,07	0,08	0,09
1,1	0,3643	0,3665	0,3686	0,3708	0,3729	0,3749	0,3770	0,3790	0,3810	0,3830
1,2	0,3849	0,3869	0,3888	0,3907	0,3925	0,3944	0,3962	0,3980	0,3997	0,4015
1,3	0,4032	0,4049	0,4066	0,4082	0,4099	0,4115	0,4131	0,4147	0,4162	0,4177
1,4	0,4192	0,4207	0,4222	0,4236	0,4251	0,4265	0,4279	0,4292	0,4306	0,4319
1,5	0,4332	0,4345	0,4357	0,4370	0,4382	0,4394	0,4406	0,4418	0,4429	0,4441
1,6	0,4452	0,4463	0,4474	0,4484	0,4495	0,4505	0,4515	0,4525	0,4535	0,4545
1,7	0,4554	0,4564	0,4573	0,4582	0,4591	0,4599	0,4608	0,4616	0,4625	0,4633
1,8	0,4641	0,4649	0,4656	0,4664	0,4671	0,4678	0,4686	0,4693	0,4699	0,4706
1,9	0,4713	0,4719	0,4726	0,4732	0,4738	0,4744	0,4750	0,4756	0,4761	0,4767
2,0	0,4772	0,4778	0,4783	0,4788	0,4793	0,4798	0,4803	0,4808	0,4812	0,4817
2,1	0,4821	0,4826	0,4830	0,4834	0,4838	0,4842	0,4846	0,4850	0,4854	0,4857
2,2	0,4861	0,4864	0,4868	0,4871	0,4875	0,4878	0,4881	0,4884	0,4887	0,4890
2,3	0,4893	0,4896	0,4898	0,4901	0,4904	0,4906	0,4909	0,4911	0,4913	0,4916
2,4	0,4918	0,4920	0,4922	0,4925	0,4927	0,4929	0,4931	0,4932	0,4934	0,4936
2,5	0,4938	0,4940	0,4941	0,4943	0,4945	0,4946	0,4948	0,4949	0,4951	0,4952
2,6	0,4953	0,4955	0,4956	0,4957	0,4959	0,4960	0,4961	0,4962	0,4963	0,4964
2,7	0,4965	0,4966	0,4967	0,4968	0,4969	0,4970	0,4971	0,4972	0,4973	0,4974
2,8	0,4974	0,4975	0,4976	0,4977	0,4977	0,4978	0,4979	0,4979	0,4980	0,4981
2,9	0,4981	0,4982	0,4982	0,4983	0,4984	0,4984	0,4985	0,4985	0,4986	0,4986
3,0	0,4987	0,4987	0,4987	0,4988	0,4988	0,4989	0,4989	0,4989	0,4990	0,4990

Fonte: Castanheira, 2016, p. 85.

Logo, para 0,45, temos Z = 1,65 (1,6 na horizontal + 0,05 na vertical). Agora, calculamos o valor de c com os dados a seguir, disponíveis no enunciado:

- $\sigma = 3$ kg
- n = 64
- 68 kg

$$c = Z \frac{\sigma}{\sqrt{n}}$$

$$c = 1,65 \frac{3}{\sqrt{64}} = 1,65 \frac{3}{8} = 1,65 \cdot 0,375 = 0,6188$$

> Com o valor de c, determinamos o intervalo de confiança:
> $\bar{X} - c \leq \mu \leq \bar{X} + c$
> $68 - 0{,}6188 \leq \mu \leq 68 + 0{,}6188$
> $67{,}3812 \leq \mu \leq 68{,}6188$

–Exercício resolvido

A vida útil de uma peça de determinado equipamento apresenta um desvio padrão de 5 horas. Foram realizadas inspeções em 100 peças, obtendo-se uma média de 500 horas. Construa um intervalo de confiança para a verdadeira duração média da peça com um nível de 95% de confiança.

Resolução:

Primeiro vamos encontrar o valor de Z, considerando o nível de confiança igual a 95%:

$$\frac{95\%}{2} = \frac{47{,}5\%}{100} = 0{,}475$$

Na Tabela 8.1, buscamos o valor de Z no centro e, ao encontrá-lo, verificamos seu correspondente na vertical e na horizontal.

Para 0,475, temos Z = 1,96. Agora, calculamos o valor de c com os dados a seguir:

- $\sigma = 5$ h
- $n = 100$
- $\bar{X} = 500$

$$c = Z \frac{\sigma}{\sqrt{n}}$$

$$c = 1{,}96 \frac{5}{\sqrt{100}} = 1{,}96 \frac{5}{10} = 1{,}96 \cdot 0{,}5 = 0{,}98$$

Com o valor de c, determinamos o intervalo de confiança:

$\bar{X} - c \leq \mu \leq \bar{X} + c$

$500 - 0,98 \leq \mu \leq 500 + 0,98$

$499,02 \leq \mu \leq 500,98$

Assim, o intervalo [499,02; 500,98] contém a duração média da peça com 95% de confiança.

8.3 Tamanho da amostra

Quando trabalhamos com amostragem, não representamos perfeitamente a população; logo, sempre haverá um erro amostral. O erro não pode ser evitado, mas podemos reduzi-lo escolhendo uma amostra de tamanho adequado, pois, quanto maior for o tamanho da amostra, menor será o erro e, quanto menor for a amostra, maior será o erro.

O objetivo de obter o tamanho da amostra é determinar o tamanho mínimo que devemos estabelecer com vistas à obtenção de uma amostra significativa que represente da melhor forma a população. Determinamos, então, o tamanho mínimo que devemos tomar para amostra, de modo que o erro, ao estimarmos o parâmetro, seja menor do que um valor especificado. Dessa forma, a representatividade da amostra dependerá de seu tamanho, sendo tanto melhor quanto maior for a amostra.

Vimos que c é chamado de *erro amostral* e obtido por:

$$c = Z \frac{\sigma}{\sqrt{n}}$$

Com base nessa fórmula, podemos obter o tamanho da amostra isolando o n. Assim:

$$n = \left(\frac{Z \cdot \sigma}{c}\right)^2$$

> ### Exemplificando
>
> Uma pesquisa deseja estimar a renda média de um grupo de pessoas. Que tamanho de amostra é necessário ter para que, com uma probabilidade de 95% de confiança, sua estimativa não esteja a menos de R$ 500,00 da verdadeira média populacional? Suponha que o desvio padrão seja de R$ 6.250,00.
>
> No enunciado, temos os dados a seguir:
> - $\sigma = 6.250$
> - $c = 500$
> - Nível de confiança = 95%
>
> Vamos, primeiramente, encontrar o valor de Z dividindo o nível de confiança por 2 e avaliando o valor encontrado na Tabela 8.1:
>
> $$\frac{95\%}{2} = \frac{47,5\%}{100} = 0,475$$
>
> $Z = 1,96$
>
> Para encontrarmos o tamanho da amostra, aplicamos a fórmula:
>
> $$n = \left(\frac{Z \cdot \sigma}{c}\right)^2$$
>
> $$n = \left(\frac{1,96 \cdot 6250}{500}\right)^2$$
>
> $$n = \left(\frac{12250}{500}\right)^2 = (24,5)^2 = 600,25$$
>
> Dessa forma, precisamos obter uma amostra de, ao menos, 600,25 entrevistados para termos 95% de confiança.

–Exercício resolvido

Uma empresa pretende avaliar o peso de certa peça e, pela especificação do produto, o desvio padrão é de 10 kg. Admitindo-se um nível de confiança de 95,5% e um erro amostral de 1,5 kg, qual deve ser o tamanho da amostra a ser avaliada?

Resolução:

Pelo enunciado, temos:
- σ = 10 kg
- c = 1,5 kg
- Nível de confiança = 95,5%

Vamos encontrar o valor de Z dividindo o nível de confiança por 2 e avaliando o valor na Tabela 8.1:

$$\frac{95,5\%}{2} = \frac{47,75\%}{100} = 0,4775$$

Z = 2

Para encontrarmos o tamanho da amostra, aplicamos esta fórmula:

$$n = \left(\frac{z \cdot \sigma}{c}\right)^2$$

$$n = \left(\frac{2 \cdot 10}{1,5}\right)^2$$

$$n = \left(\frac{20}{1,5}\right)^2 = (13,3333)^2 = 177,7768$$

Desse modo, com uma amostra de 177,7768 ou, arredondando, de 178 peças, teremos um erro máximo de 1,5 kg com nível de confiança de 95,5%.

8.4
Intervalo de confiança para a proporção

Construímos um intervalo de confiança para a média da população, mas também podemos elaborar um intervalo de confiança para a proporção populacional. No Capítulo 6, estudamos que a probabilidade de sucesso em uma única tentativa de um experimento binomial é p. Essa probabilidade p é uma proporção populacional que podemos estimar utilizando um intervalo de confiança.

Para amostras suficientemente grandes (n > 30), a distribuição amostral das proporções é aproximadamente normal. Segundo Larson e Farber (2015), a estimativa pontual para p, a proporção populacional de sucessos, é dada pela proporção de sucessos em uma amostra e é denotada por:

$$\hat{p} = \frac{x}{n}$$

em que:

x = número de sucessos em uma amostra

n = tamanho da amostra

A estimativa pontual para a proporção populacional de não sucesso é dada por:

$$\hat{q} = 1 - \hat{p}$$

Considerando a estimação pontual, calculamos uma margem de erro e obtemos o intervalo de confiança para uma proporção populacional p dado por:

$$IC = \hat{p} \pm z\sqrt{\frac{\hat{p} \cdot \hat{q}}{n}}$$

Exemplificando

Uma empresa retirou uma amostra de 200 peças produzidas por certa máquina e verificou que 10 peças eram defeituosas. Estime a verdadeira proporção de peças defeituosas produzidas por essa máquina utilizando um nível de confiança de 90%.

Pelo enunciado, temos os dados a seguir:
- n = 200
- x = 10 defeituosas
- Nível de confiança = 90%

Com esses dados, vamos calcular a proporção amostral de sucesso e a proporção populacional de não sucesso:

$$\hat{p} = \frac{x}{n}$$

$$\hat{p} = \frac{10}{200} = 0{,}05$$

$$\hat{q} = 1 - \hat{p}$$

$$\hat{q} = 1 - 0{,}05 = 0{,}95$$

Considerando um nível de confiança de 90%, vamos encontrar o valor de Z:

$$\frac{90\%}{2} = \frac{45\%}{100} = 0{,}45$$

Na Tabela 8.1, buscamos o valor no centro e, ao encontrá-lo, verificamos seu correspondente na vertical e na horizontal.

Logo, para 0,45, temos Z = 1,65. Agora, calculamos o intervalo de confiança:

$$IC = \hat{p} \pm z\sqrt{\frac{\hat{p} \cdot \hat{q}}{n}}$$

$$IC = 0,05 \pm 1,65\sqrt{\frac{0,05 \cdot 0,95}{200}}$$

$$IC = 0,05 \pm 1,65\sqrt{\frac{0,0475}{200}}$$

$$IC = 0,05 \pm 1,65\sqrt{0,0002375}$$

$$IC = 0,05 \pm 1,65 \cdot 0,01541$$

$$IC = 0,05 \pm 0,0254$$

O intervalo de confiança da proporção será:

$0,05 - 0,0254 \leq p \leq 0,05 + 0,0254$

$0,0246 \leq p \leq 0,0754$

Multiplicando por 100, temos: $2,46\% \leq p \leq 7,54\%$.

Assim, o intervalo [2,46%; 7,54%] contém a verdadeira proporção de peças com defeitos com 90% de confiança.

-Exercício resolvido

Uma indústria analisou uma amostra de 600 itens e observou que 58 deles apresentavam algum tipo de defeito. Determine um intervalo com 95% de confiança.

Resolução:

Pelo enunciado, temos os dados a seguir:
- n = 600
- x = 58 defeituosas
- Nível de confiança = 95%

Com esses dados, vamos calcular a proporção amostral de sucesso e a proporção populacional de não sucesso:

$$\hat{p} = \frac{x}{n}$$

$$\hat{p} = \frac{58}{600} = 0,0967$$

$$\hat{q} = 1 - \hat{p}$$

$$\hat{q} = 1 - 0,0967 = 0,9033$$

Considerando um nível de confiança de 95%, vamos encontrar o valor de Z na tabela:

$$\frac{95\%}{2} = \frac{47,5\%}{100} = 0,475$$

$$Z = 1,96$$

Calculamos, agora, o intervalo de confiança:

$$IC = \hat{p} \pm z\sqrt{\frac{\hat{p} \cdot \hat{q}}{n}}$$

$$IC = 0,0967 \pm 1,96\sqrt{\frac{0,0967 \cdot 0,9033}{600}}$$

$$IC = 0,0967 \pm 1,96\sqrt{\frac{0,08735}{600}}$$

$$IC = 0,0967 \pm 1,96\sqrt{0,0001456}$$

$$IC = 0,0967 \pm 1,96 \cdot 0,01207$$

$$IC = 0,0967 \pm 0,02366$$

O intervalo de confiança da proporção será:

$$0,0967 - 0,02366 \leq p \leq 0,0967 + 0,02366$$

$$0,07304 \leq p \leq 0,12036$$

Multiplicando por 100, temos: $7,304\% \leq p \leq 12,036\%$.

Assim, o intervalo [7,304%; 12,036%] contém a verdadeira proporção de itens com defeitos considerando 95% de confiança.

Vimos que, além do intervalo de confiança das médias, podemos construir o intervalo de confiança para a proporção, devendo considerar que, para amostras suficientemente grandes, a distribuição amostral das proporções é aproximadamente normal.

Síntese

Neste capítulo, estudamos a diferença entre estimação por ponto e estimação por intervalo. Vimos que a estimativa por ponto é um valor único obtido por meio de cálculos efetuados na amostra e que serve como uma aproximação do parâmetro. Já a estimativa por intervalo constrói um intervalo em torno da estimativa por ponto.

Analisamos também os principais conceitos que envolvem o cálculo do intervalo de confiança das médias e da proporção. Vimos que, no processo de estimação, existe um erro envolvido e que esse erro está relacionado com o tamanho da amostra. Quanto maior for o tamanho da amostra, menor será o erro e, quanto menor for a amostra, maior será o erro.

Questões para revisão

1. Uma pesquisa foi realizada em diversos locais para conhecer o preço de determinado produto. Determine o intervalo de confiança considerando o preço médio de R$ 1.840,00, com desvio padrão de R$ 300,00. Suponha um nível de confiança igual a 95% e uma amostra de 96 locais.

2. Qual é o intervalo de confiança para a média populacional de um grupo formado por 150 estudantes no qual os valores amostrais das notas de um teste têm média de 77,6, com desvio padrão de 14,2? Suponha um nível de confiança igual a 90%.

3. Considerando-se que o desvio padrão dos comprimentos das peças produzidas em determinada máquina é de 2 mm e que uma amostra de 50 peças produzidas foi retirada obtendo-se média de 25 mm, qual é o intervalo de confiança de 95% para o verdadeiro comprimento das peças produzidas por essa máquina?

4. Considerando-se uma população infinita, com desvio padrão de 3,2, qual é o tamanho da amostra para estimarmos a média da população com 95% de confiança e precisão de 0,8?

5. Durante uma inspeção de qualidade, foi retirada uma amostra de 80 componentes, sendo detectados 10 componentes fora das especificações. Qual é o intervalo de confiança das proporções, considerando-se 99% de confiança?

6. Levando-se em conta que a metragem de determinado produto apresenta distribuição normal com desvio padrão de 1 m e considerando-se uma amostra de 100 produtos cuja média é de 50 m por produto, qual é o intervalo de confiança para um nível de confiança de 95,44%?
   a) IC (49,8 < μ < 50,2) = 95,44%.
   b) IC (50,5 < μ < 50,2) = 95,44%.
   c) IC (49,8 < μ < 55,2) = 95,44%.
   d) IC (45,8 < μ < 50,2) = 95,44%.
   e) IC (59,8 < μ < 60,2) = 95,44%.

7. Da produção diária de uma máquina foram retiradas 25 peças cuja medida apresenta uma média de 5,2 mm. Considerando-se um desvio padrão populacional de 1,2 mm, qual é o intervalo de confiança para a média tendo em vista um nível de 99%?
   a) IC (4,98 < μ < 5,02) = 99%.
   b) IC (4,88 < μ < 5,22) = 99%.
   c) IC (4,68 < μ < 5,52) = 99%.
   d) IC (4,58 < μ < 5,82) = 99%.
   e) IC (4,78 < μ < 5,92) = 99%.

8. Uma pesquisa foi realizada com uma amostra de 400 peças, sendo 25% delas defeituosas. Qual é o intervalo de confiança da proporção de peças defeituosas, considerando-se um erro de 2%?
   a) [50%; 60%].
   b) [20%; 30%].
   c) [20%; 40%].
   d) [30%; 40%].
   e) [40%; 50%].

-Questões para reflexão

1. Uma amostra de 300 peças fabricadas por certa máquina apresentou 180 peças fora das especificações de qualidade. Encontre o intervalo de confiança para a proporção de peças fora da especificação, considerando um limite de confiança de 90%.

2. Com base nos dados apresentados no exercício anterior, encontre o intervalo de confiança para a proporção de peças fora da especificação, considerando um limite de confiança de 95%.

Para saber mais

Consulte as indicações a seguir para saber mais sobre os assuntos abordados neste capítulo.

SANTOS, V. F. M. dos. Case Seis Sigma: intervalos de confiança para avaliar variações. **FM2S**, 13 set. 2018. Disponível em: <https://www.fm2s.com.br/case-seis-sigma-intervalos-confianca>. Acesso em: 31 jan. 2022.

SOUSA, S. **Significado de intervalo de confiança**. Disponível em: <https://www.significados.com.br/intervalo-de-confianca/>. Acesso em: 31 jan. 2022.

AFONSO, A.; NUNES, C. **Probabilidades e estatística**: aplicações e soluções em SPSS. Portugal: Universidade Évora, 2019. Disponível em: <https://dspace.uevora.pt/rdpc/bitstream/10174/25959/3/ProbabilidadesEstatistica2019.pdf>. Acesso em: 31 jan. 2022.

capítulo 9

Conteúdos do capítulo

- Teste de hipótese.
- Tipos de erros.
- Regiões de rejeição e de aceitação.
- Teste de hipótese para médias.

Após o estudo deste capítulo, você será capaz de:

1. aplicar o teste de hipótese para médias;
2. verificar se uma hipótese será aceita ou rejeitada.

Inferência estatística: testes de hipóteses

A inferência estatística pode ser dividida em duas áreas. Uma delas é a estimação, que abordamos no Capítulo 8; a outra são os testes de hipóteses, nos quais consideramos um valor hipotético para um parâmetro da população e, com base na amostra, verificamos se esse valor deve ser aceito ou rejeitado. No teste de hipótese, não estimamos um parâmetro, e sim chegamos a uma decisão sobre uma hipótese pré-afirmada, conforme veremos neste capítulo.

9.1
Teste de hipótese

Na compreensão de Pereira (2014), os testes de hipóteses têm a função de comparar as medidas obtidas de uma amostra com os dados da população. Essa comparação é importante para aferir se o valor amostral é correto ou não.

O teste de hipótese, de acordo com Castanheira (2010), é uma técnica para se fazer inferência estatística. Por meio de um teste realizado com os dados de uma amostra, é possível inferir sobre a população a que essa amostra pertence. Essa técnica permite aceitar ou rejeitar a hipótese estatística.

> **O QUE É**
> A **hipótese estatística** é uma suposição quanto ao valor de um parâmetro populacional.

A estrutura do teste de hipótese, de acordo com Walpole et al. (2009), será formulada com o uso do termo hipótese nula, que se refere a qualquer hipótese que desejamos testar e é denotada por H_0. A rejeição de H_0 leva à aceitação de uma hipótese alternativa, denotada por H_1. A hipótese alternativa H_1 costuma representar a questão a ser respondida, a teoria a ser testada. A hipótese nula H_0 anula ou se opõe a H_1 e é frequentemente o complemento lógico de H_1. Dessa forma, o teste de hipótese coloca a hipótese nula em contraposição à hipótese alternativa.

De acordo com Martins (2010), a hipótese nula expressa uma igualdade, enquanto a hipótese alternativa é dada por uma desigualdade. Vamos considerar uma hipótese nula (H_0) igual a 60. Assim, uma hipótese alternativa (H_1) pode ser $H_1 > 60$. Podemos considerar outras hipóteses alternativas, como $H_1 < 60$ e $H_1 \neq 60$.

Com base na análise da hipótese nula e da hipótese alternativa, configuram-se os tipos de erros, conforme veremos a seguir.

9.1.1 Tipos de erros

Ao realizarmos um teste de hipótese, podemos nos deparar com dois tipos de erros. Podemos rejeitar a hipótese nula sendo ela verdadeira, incorrendo no erro tipo I, ou então podemos aceitar a hipótese nula sendo ela falsa, cometendo o erro tipo II.

No Quadro 9.1, avaliamos os possíveis erros e acertos de uma decisão com base em um teste de hipótese.

Quadro 9.1 – Tipos de erros: teste de hipótese

	Aceita-se a hipótese nula (H_0)	Rejeita-se a hipótese nula (H_0)
H_0 é verdadeira	Decisão foi correta	Erro do tipo I
H_0 é falsa	Erro do tipo II	Decisão foi correta

Considerando-se os erros descritos, a probabilidade de cometermos o erro do tipo I é designada por *α* (alfa), o que chamamos de *nível de significância do teste*. Já a probabilidade de cometermos o erro do tipo II é designada por *β* (beta).

9.1.2 Regiões de rejeição e de aceitação

No teste de hipótese, temos também a região de aceitação, na qual a hipótese nula é aceita, e a região de rejeição, na qual a hipótese nula é rejeitada. De acordo com Larson e Farber (2015), a natureza de um teste de hipótese depende do fato de o teste ser monocaudal esquerdo ou direito, ou então bicaudal. Desse modo, a análise da região de rejeição (*RR*) e da região de aceitação (*RA*) pode ocorrer em três situações:

1. $H_0 = x$ e $H_1 < x$:

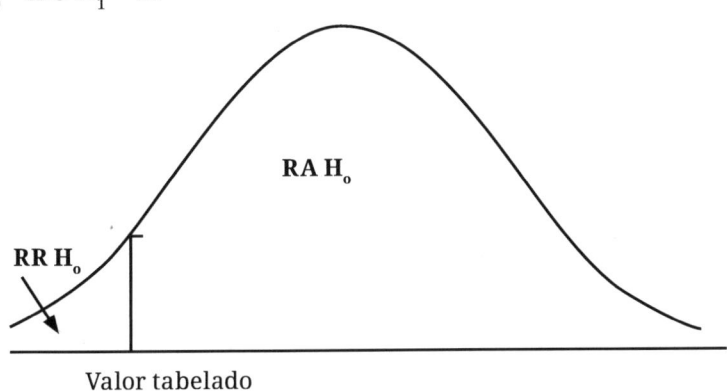

RA H_0

RR H_0

Valor tabelado

Quando a hipótese alternativa H_1 tiver o símbolo de menor (<), o teste de hipótese será um **teste monocaudal esquerdo**.

2. $H_0 = x$ e $H_1 > x$:

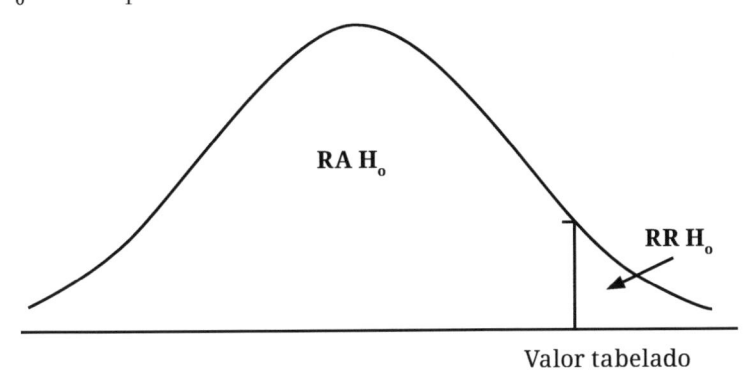

RA H_0

RR H_0

Valor tabelado

Quando a hipótese alternativa H_1 tiver o símbolo de maior (>), o teste de hipótese será um **teste monocaudal direito**.

3. $H_0 = x$ e $H_1 \neq x$:

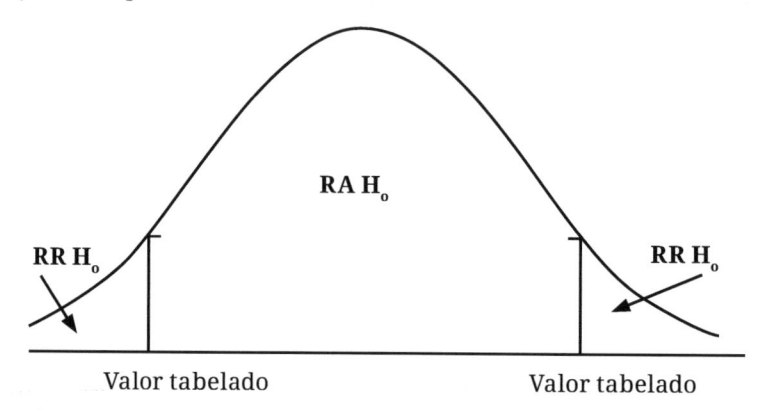

[Gráfico de distribuição normal com RA H_0 no centro e RR H_0 nas duas caudas, delimitados por Valor tabelado]

Quando a hipótese alternativa H_1 tiver o símbolo de diferente (≠), o teste de hipótese será um **teste bicaudal**.

Considerando como referência o valor tabelado e as hipóteses alternativas ($H_1 < x$, $H_1 > x$ e $H_1 \neq x$), verificamos nos gráficos vistos anteriormente as regiões de aceitação (*RA*) e de rejeição (*RR*). Com base nas regiões e por meio do cálculo de um estimador, analisamos as hipóteses para tomar a decisão quanto à aceitação ou à rejeição da afirmação feita sobre o parâmetro.

9.1.3 Teste de hipótese para médias

Para realizarmos o teste de hipótese para médias, devemos observar as seguintes etapas:

I. Enunciar a hipótese nula (H_0) e a hipótese alternativa (H_1).
II. Fixar o limite de erro (α).
III. Determinar a região de rejeição (*RR*) e a região de aceitação (*RA*).
IV. Calcular o estimador e verificar se ele se encontra na região de rejeição ou de aceitação.

Para efetuarmos um teste para médias, podemos utilizar como estimador da média populacional a média amostral e calcular o teste *Z* de uma amostra aplicando a seguinte fórmula:

$$Z_r = \frac{\bar{X} - \mu}{\frac{\sigma}{\sqrt{n}}}$$

Ou seja:

$$Z_{teste} = \frac{\text{média amostral} - \text{média populacional}}{\frac{\text{desvio padrão}}{\sqrt{n}}}$$

em que n é o tamanho da amostra.

v. Decidir, se o estimador estiver na região de aceitação, aceitar H_0; se o estimador estiver na região de rejeição, rejeitar H_0.

Exemplificando

Considerando uma população com desvio padrão igual a 5 mm e uma amostra de 50 elementos que apresenta média igual a 46 mm, podemos afirmar que a média dessa população é superior a 43 mm no nível de significância de 1%?

Com base no enunciado, encontramos a hipótese nula (H_0) e hipótese alternativa (H_1):

- $H_0 = 43$ mm
- $H_1 > 43$ mm

Precisamos fixar o limite de erro (α), o qual, neste exemplo, é de 1% = 0,01. Assim:

0,50 − 0,01 = 0,49

Encontramos o valor de Z buscando o valor 0,49 na tabela de distribuição normal (Tabela 9.1), conforme indicado a seguir.

Observação: quando não temos o valor exato na tabela, utilizamos o valor mais próximo a maior.

Tabela 9.1 – Tabela de distribuição normal

Z	0,00	0,01	0,02	0,03	0,04	0,05	0,06	0,07	0,08	0,09
0,0	0,0000	0,0040	0,0080	0,0120	0,0160	0,0199	0,0239	0,0279	0,0319	0,0359
0,1	0,0398	0,0438	0,0478	0,0517	0,0557	0,0596	0,0636	0,0675	0,0714	0,0753
0,2	0,0793	0,0832	0,0871	0,0910	0,0948	0,0987	0,1026	0,1064	0,1103	0,1141
0,3	0,1179	0,1217	0,1255	0,1293	0,1331	0,1368	0,1406	0,1443	0,1480	0,1517
0,4	0,1554	0,1591	0,1628	0,1664	0,1700	0,1736	0,1772	0,1808	0,1844	0,1879
0,5	0,1915	0,1950	0,1985	0,2019	0,2054	0,2088	0,2123	0,2157	0,2190	0,2224
0,6	0,2257	0,2291	0,2324	0,2357	0,2389	0,2422	0,2454	0,2486	0,2517	0,2549
0,7	0,2580	0,2611	0,2642	0,2673	0,2704	0,2734	0,2764	0,2794	0,2823	0,2852
0,8	0,2881	0,2910	0,2939	0,2967	0,2995	0,3023	0,3051	0,3078	0,3106	0,3133
0,9	0,3159	0,3186	0,3212	0,3238	0,3264	0,3289	0,3315	0,3340	0,3365	0,3389
1,0	0,3413	0,3438	0,3461	0,3485	0,3508	0,3531	0,3554	0,3577	0,3599	0,3621
1,1	0,3643	0,3665	0,3686	0,3708	0,3729	0,3749	0,3770	0,3790	0,3810	0,3830
1,2	0,3849	0,3869	0,3888	0,3907	0,3925	0,3944	0,3962	0,3980	0,3997	0,4015
1,3	0,4032	0,4049	0,4066	0,4082	0,4099	0,4115	0,4131	0,4147	0,4162	0,4177
1,4	0,4192	0,4207	0,4222	0,4236	0,4251	0,4265	0,4279	0,4292	0,4306	0,4319
1,5	0,4332	0,4345	0,4357	0,4370	0,4382	0,4394	0,4406	0,4418	0,4429	0,4441
1,6	0,4452	0,4463	0,4474	0,4484	0,4495	0,4505	0,4515	0,4525	0,4535	0,4545
1,7	0,4554	0,4564	0,4573	0,4582	0,4591	0,4599	0,4608	0,4616	0,4625	0,4633
1,8	0,4641	0,4649	0,4656	0,4664	0,4671	0,4678	0,4686	0,4693	0,4699	0,4706
1,9	0,4713	0,4719	0,4726	0,4732	0,4738	0,4744	0,4750	0,4756	0,4761	0,4767
2,0	0,4772	0,4778	0,4783	0,4788	0,4793	0,4798	0,4803	0,4808	0,4812	0,4817
2,1	0,4821	0,4826	0,4830	0,4834	0,4838	0,4842	0,4846	0,4850	0,4854	0,4857
2,2	0,4861	0,4864	0,4868	0,4871	0,4875	0,4878	0,4881	0,4884	0,4887	0,4890
2,3	0,4893	0,4896	0,4898	0,4901	0,4904	0,4906	0,4909	0,4911	0,4913	0,4916
2,4	0,4918	0,4920	0,4922	0,4925	0,4927	0,4929	0,4931	0,4932	0,4934	0,4936
2,5	0,4938	0,4940	0,4941	0,4943	0,4945	0,4946	0,4948	0,4949	0,4951	0,4952
2,6	0,4953	0,4955	0,4956	0,4957	0,4959	0,4960	0,4961	0,4962	0,4963	0,4964
2,7	0,4965	0,4966	0,4967	0,4968	0,4969	0,4970	0,4971	0,4972	0,4973	0,4974
2,8	0,4974	0,4975	0,4976	0,4977	0,4977	0,4978	0,4979	0,4979	0,4980	0,4981
2,9	0,4981	0,4982	0,4982	0,4983	0,4984	0,4984	0,4985	0,4985	0,4986	0,4986
3,0	0,4987	0,4987	0,4987	0,4988	0,4988	0,4989	0,4989	0,4989	0,4990	0,4990

Assim, *Z* é igual a 2,33. Definimos, agora, as regiões de aceitação (*RA*) e rejeição (*RR*), considerando que a $H_1 > 43$ mm.

Observação: verifique os gráficos apresentados na Seção 9.1.2.

Gráfico 9.1 – Regiões de aceitação e de rejeição

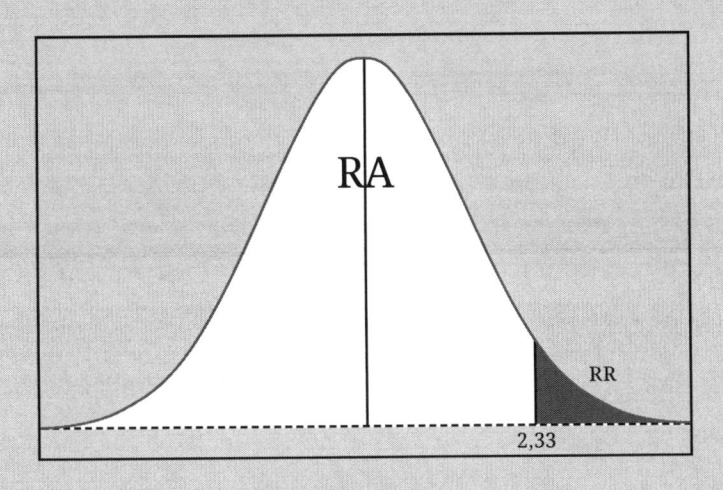

Calculamos o estimador e verificamos se ele se encontra na região de rejeição ou de aceitação:

- $\bar{X} = 46$
- $\mu = 43$
- $\sigma = 5$
- $n = 50$

$$z = \frac{46-43}{\frac{5}{\sqrt{50}}}$$

$$z = \frac{3}{\frac{5}{7,07}}$$

$$z = \frac{3}{0,707} = 4,24$$

Comparamos o resultado encontrado com o valor de *Z* e constatamos que 4,24 > 2,33. Assim, o valor está na área de rejeição (*RR*) do gráfico. Dessa forma, rejeitamos H_0, ou seja, a média é superior a 43 mm no nível de significância considerado.

Vimos que a hipótese estatística é uma afirmação feita sobre um parâmetro e que construímos testes que permitam aceitar ou rejeitar as hipóteses estatísticas, com base em informação obtida numa amostra. Para realizar o teste de hipótese, é necessário analisar as hipóteses nula e alternativa, encontrar as regiões de aceitação e de rejeição e, com base no valor do estimador, analisar se a hipótese nula será aceita ou rejeitada.

–Síntese

Neste capítulo, estudamos o teste de hipótese, no qual consideramos um valor hipotético para um parâmetro da população e, com base na amostra, verificamos se esse valor deve ser aceito ou rejeitado. Nesse teste, chegamos a uma decisão sobre uma hipótese pré-afirmada, de modo a conferir credibilidade aos resultados estatísticos.

Para realizarmos o teste de hipótese, utilizamos a hipótese nula e a hipótese alternativa. Além de identificarmos e avaliarmos a hipótese, consideramos as áreas de rejeição e de aceitação.

–Questões para revisão

1. Os testes de hipóteses têm a função de comparar as medidas obtidas de uma amostra com os dados da população. Considerando os conceitos utilizados nesses testes, marque com V as afirmações verdadeiras e com F as falsas:
    I. Quando o valor calculado está na região de aceitação, rejeitamos a hipótese nula.
    II. Podemos rejeitar a hipótese nula sendo ela verdadeira e, assim, temos o erro tipo I.
    III. O teste de hipótese coloca a hipótese nula em contraposição à hipótese alternativa.
    IV. Enunciar a hipótese nula (H_0) e a hipótese alternativa (H_1) é uma das etapas do teste de hipótese.

    Agora, assinale a alternativa que apresenta a sequência correta:
    a) V, F, V, F.
    b) F, F, V, V.
    c) V, V, F, F.
    d) F, V, V, V.
    e) V, V, F, V.

2. Para realizarmos o teste de hipótese, utilizamos a hipótese nula e a hipótese alternativa, além de identificar e avaliar as áreas de rejeição e de aceitação. Com base nessa afirmação, associe os conceitos a seguir às respectivas definições e, depois, assinale a alternativa que apresenta a sequência correta:

1) Hipótese nula
2) Hipótese alternativa
3) Área de rejeição
4) Área de aceitação

( ) É a região na qual a hipótese nula é aceita.
( ) É dada por uma desigualdade.
( ) É a região em que se rejeita a hipótese nula.
( ) É qualquer hipótese que desejamos testar e é denotada por H_0.

a) 4, 1, 2, 3.
b) 1, 2, 3, 4.
c) 4, 2, 3, 1.
d) 2, 1, 3, 4.
e) 3, 2, 1, 4.

3. O preço médio dos livros de probabilidade e estatística é de R$ 18,00, mas o preço médio de uma amostra aleatória de 16 livros adquiridos no último semestre foi de R$ 21,60, com um desvio padrão de R$ 2,70. Com base nos dados amostrais e admitindo distribuição normal para a população, podemos aceitar a afirmação de que o preço médio dos livros seja de R$ 18,00? Use um nível de significância de 5%.

4. Considerando uma amostra de 25 produtos extraída de uma população normal, temos um comprimento médio dos produtos de 13,5 cm, com desvio padrão de 4,4 cm. Efetue o teste de hipótese tendo em vista um nível de significância de 0,05 para a hipótese nula H_0 = 16 cm contra uma hipótese alternativa na qual a média é diferente de 16 cm ($H_1 \neq 16$).

5. Uma amostra de 100 produtos foi retirada de uma máquina, obtendo-se um peso médio de 88 kg. Tendo em vista que o desvio padrão é igual a 20 kg e que a média populacional é de 85 kg, o que podemos concluir da hipótese nula ao considerarmos como

hipótese alternativa um peso médio maior que 85 e um nível de significância de 5%?

a) Zr = 1,7 e a hipótese nula é rejeitada.
b) Zr = 1,6 e a hipótese nula é aceita.
c) Zr = 1,4 e a hipótese nula é rejeitada.
d) Zr = 1,5 e a hipótese nula é aceita.
e) Zr = 1,8 e a hipótese nula é rejeitada.

–Questões para reflexão

1. Um fabricante considera que seu produto tem uma resistência média à ruptura superior a 10 Kg, com desvio padrão de 0,5 Kg. Uma amostra de 50 produtos foi analisada, obtendo-se uma média de 10,4 Kg. Considerando-se um nível de significância de 0,05, é válida a alegação do fabricante?

2. Uma fábrica anuncia que seus automóveis apresentam um consumo médio de 11 L por 100 km, com um desvio padrão de 0,8 L. Uma amostra de 35 carros foi analisada, obtendo-se um consumo médio de 11,4 L por 100 km. Considerando-se um nível de significância de 0,05, é válida a alegação do fabricante?

Para saber mais

Consulte as indicações a seguir para saber mais sobre os assuntos abordados neste capítulo.

RODRIGUES, L. Teste de Hipótese: o que é e para que serve. **Grupo Voitto**, 24 mar. 2020. Disponível em: <https://www.voitto.com.br/blog/artigo/teste-de-hipotese>. Acesso em: 31 jan. 2022.

UFSC – Universidade Federal de Santa Catarina. **Teste de hipóteses**. Disponível em: <https://www.inf.ufsc.br/~andre.zibetti/probabilidade/teste-de-hipoteses.html>. Acesso em: 31 jan. 2022.

capítulo 10

Conteúdos do capítulo

- Correlação.
- Coeficiente de correlação de Pearson.
- Regressão.
- Regressão linear.
- Regressão linear múltipla.

Após o estudo deste capítulo, você será capaz de:

1. identificar a correlação entre variáveis;
2. encontrar a reta de regressão.

Correlação e regressão

O problema da correlação está ligado ao grau de relação existente entre duas ou mais variáveis e é preciso determinar até que ponto essa relação pode ser considerada. A busca por essa relação é um dos propósitos das pesquisas para orientar análises, conclusões e tomadas de decisão.

A existência e o grau de relação entre variáveis são objetos de estudo da correlação, que, uma vez caracterizada, pode ser descrita por meio de uma função. A estimação dos parâmetros dessa função é o objeto de estudo da regressão.

10.1 Correlação

Em algumas situações, trabalhamos com diferentes variáveis e precisamos entender como estas se relacionam. Podemos estar interessados em saber se há alguma relação entre o volume de vendas e o preço de um produto, se o clima altera o consumo de determinado produto, se o número de peças produzidas interfere no número de peças defeituosas, se a média de tempo de atraso de pagamento tem relação com o número de erros de fatura, se a venda de um produto se relaciona com os gastos em propaganda ou se há relação entre produtividade e horas de manutenção de um equipamento.

A representação gráfica de duas variáveis é chamada de ***diagrama de dispersão***, o qual indica a forma da relação entre as variáveis estudadas. Segundo Castanheira (2016), por intermédio da análise, inicialmente visual, do diagrama, podemos imediatamente constatar se existe alguma relação entre as variáveis envolvidas e, em caso positivo, se esta pode ser tratada como aproximadamente linear.

Quando os valores das duas variáveis estão próximos a uma reta, temos uma **correlação linear**, sendo possível analisar os aspectos da correlação pelo diagrama de dispersão que ilustra as variações. Pode ocorrer uma correlação linear positiva e perfeita, negativa e perfeita, positiva, negativa ou nula. A seguir, vejamos como se caracterizam essas possibilidades.

- **Correlação linear positiva e perfeita**: valor alto em uma variável corresponde a valor alto na outra variável, ou seja, se uma variável aumenta, a outra também aumenta. Será considerada perfeita sempre que os pontos estiverem perfeitamente alinhados.

Gráfico 10.1 – Correlação linear positiva e perfeita

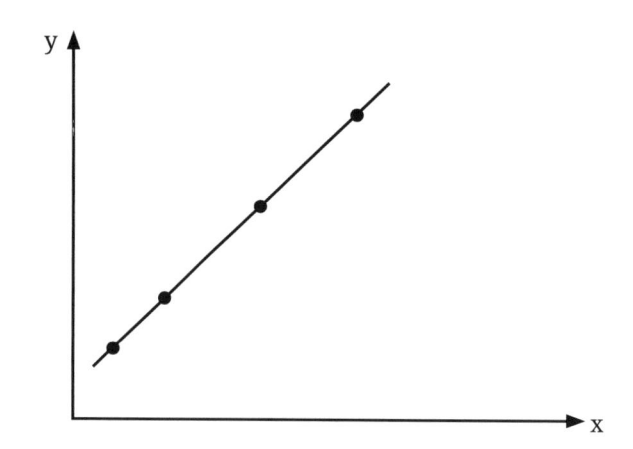

- **Correlação linear negativa e perfeita**: valor alto em uma variável corresponde a valor baixo na outra variável, ou seja, se uma variável aumenta, a outra diminui. Será considerada perfeita sempre que os pontos estiverem perfeitamente alinhados.

Gráfico 10.2 – Correlação linear negativa e perfeita

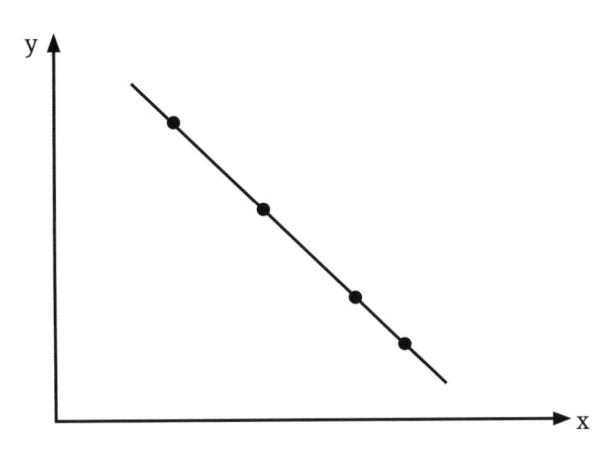

- **Correlação linear positiva**: ocorre quando as variáveis crescem no mesmo sentido, ou seja, se uma variável aumenta, a outra também aumenta.

Gráfico 10.3 – Correlação linear positiva

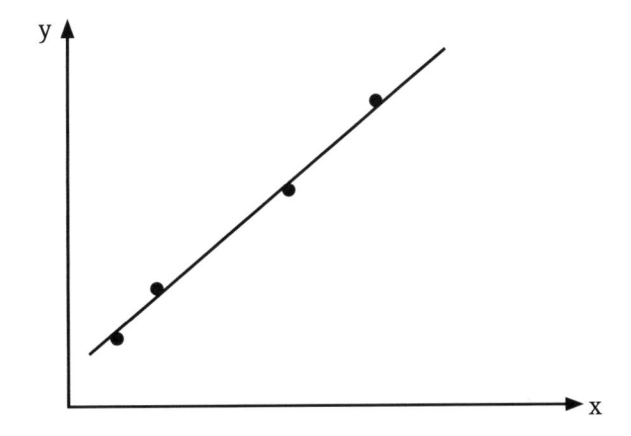

- **Correlação linear negativa**: ocorre quando as variáveis crescem em sentido contrário, ou seja, se uma variável aumenta, a outra diminui.

Gráfico 10.4 – Correlação linear negativa

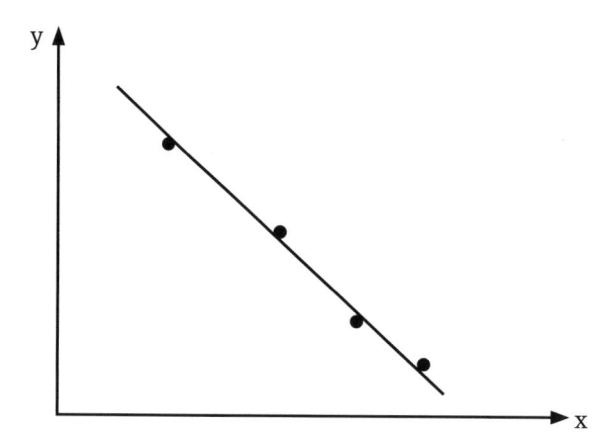

- **Correlação linear nula**: não existe correlação, ou seja, os valores estão totalmente dispersos.

Gráfico 10.5 – Correlação linear nula

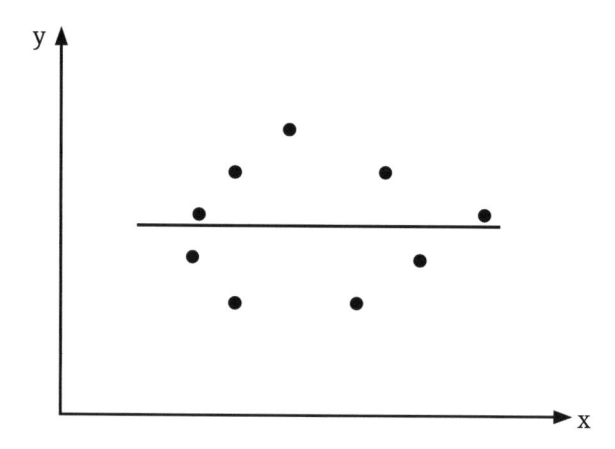

Também podemos conhecer o grau de relação das variáveis por meio do coeficiente de correlação de Pearson. Assunto da próxima seção.

10.2
Coeficiente de correlação de Pearson

Vimos que a correlação pode ser avaliada pelo diagrama de dispersão. Porém, além da forma gráfica, existem outras formas de verificar se a correlação entre as variáveis é forte ou não. Uma delas é o cálculo do coeficiente de correlação linear de Pearson, o qual indica a força da relação entre duas variáveis. Esse coeficiente varia entre -1 e 1 e, quanto mais próximo estiver desses valores, melhor será o grau de correlação linear entre as variáveis.

Quando o coeficiente de correlação se aproxima de 1, há uma relação linear **positiva**; quando se aproxima de –1, ocorre uma correlação **negativa**. O coeficiente igual a 1 ou –1 indica uma correlação linear **positiva perfeita** e **negativa perfeita**, respectivamente. Um coeficiente igual a zero demonstra que não há relação entre as duas variáveis, ou seja, a correlação linear é **nula**.

Podemos observar a variação do coeficiente na Figura 10.1, a seguir.

Figura 10.1 – Análise do coeficiente de correlação de Pearson

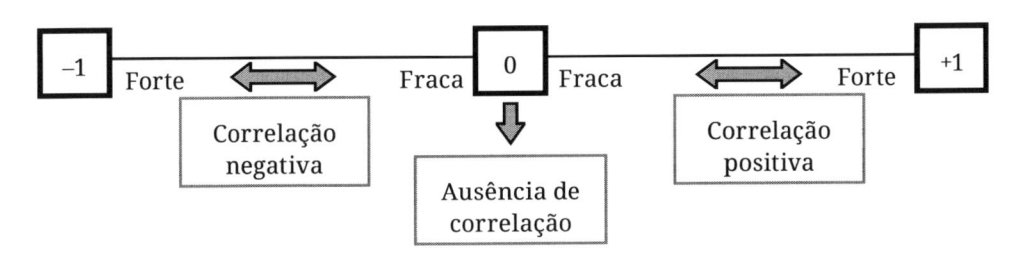

O coeficiente de correlação de Pearson (*r*) é dado por esta fórmula:

$$r = \frac{\left[n \cdot \sum(x_i \cdot y_i)\right] - \left[\left(\sum x_i\right) \cdot \left(\sum y_i\right)\right]}{\sqrt{\left[n \cdot \sum x_i^2 - \left(\sum x_i\right)^2\right] \cdot \left[n \cdot \sum y_i^2 - \left(\sum y_i\right)^2\right]}}$$

De acordo com Oliveira (1999), devemos observar que o coeficiente de correlação como medida de intensidade de relação linear entre duas variáveis é apenas uma interpretação puramente matemática e, portanto, não há qualquer implicação de causa e efeito. Em outras palavras, o fato de que duas variáveis tendam a aumentar ou a diminuir não pressupõe que uma delas exerça efeito direto ou indireto sobre a outra.

Exemplificando

Uma empresa realizou uma pesquisa para estudar como ocorre a variação da venda de determinado produto em função do preço de venda, obtendo os resultados indicados na Tabela 10.1. Calcule o coeficiente de correlação linear.

Tabela 10.1 – Variação da venda em função do preço de venda

Preço de venda	Venda mensal
162	248
167	242
173	215
176	220
180	205

O primeiro passo é multiplicar os valores ($X \cdot Y$), encontrar as potências X^2 e Y^2 para, depois, somar X, Y, $X \cdot Y$, X^2 e Y^2. As operações serão apresentadas diretamente na tabela, conforme consta a seguir.

Para a primeira linha, temos:

$X \cdot Y = 162 \cdot 248 = 40\,176$

$X^2 = 162^2 = 26\,244$

$Y^2 = 248^2 = 61\,504$

Seguimos o mesmo processo para as demais linhas e, depois, somamos os valores obtidos em cada coluna.

Tabela 10.2 – Cálculo do coeficiente de correlação de Pearson

	Preço de venda	Venda mensal	$X \cdot Y$	X^2	Y^2
	162	248	40176	26244	61504
	167	242	40414	27889	58564
	173	215	37195	29929	46225
	176	220	38720	30976	48400
	180	205	36900	32400	42025
Σ	858	1130	193405	147438	256718

Com os dados, aplicamos a fórmula, considerando que *n* é igual à quantidade de dados fornecidos, ou seja, n = 5.

$$r = \frac{\left[n \cdot \sum(x_i \cdot y_i)\right] - \left[\left(\sum x_i\right) \cdot \left(\sum y_i\right)\right]}{\sqrt{\left[n \cdot \sum x_i^2 - \left(\sum x_i\right)^2\right] \cdot \left[n \cdot \sum y_i^2 - \left(\sum y_i\right)^2\right]}}$$

$$r = \frac{(5 \cdot 193405) - (858 \cdot 1130)}{\sqrt{\left[5 \cdot 147438 - (858)^2\right] \cdot \left[5 \cdot 256718 - (1130)^2\right]}}$$

$$r = \frac{967025 - 969540}{\sqrt{\left[737190 - 736164\right] \cdot \left[1283590 - 1276900\right]}}$$

$$r = \frac{-2515}{\sqrt{1026 \cdot 6690}}$$

$$r = \frac{-2515}{\sqrt{6863940}}$$

$$r = \frac{-2515}{2619,91221}$$

$$r = -0,95996$$

O coeficiente obtido é igual a –0,95996. Logo, temos uma correlação linear negativa. Podemos observar essa relação examinando o Gráfico 10.6, a seguir.

Gráfico 10.6 – Gráfico de dispersão: vendas em função do preço de venda

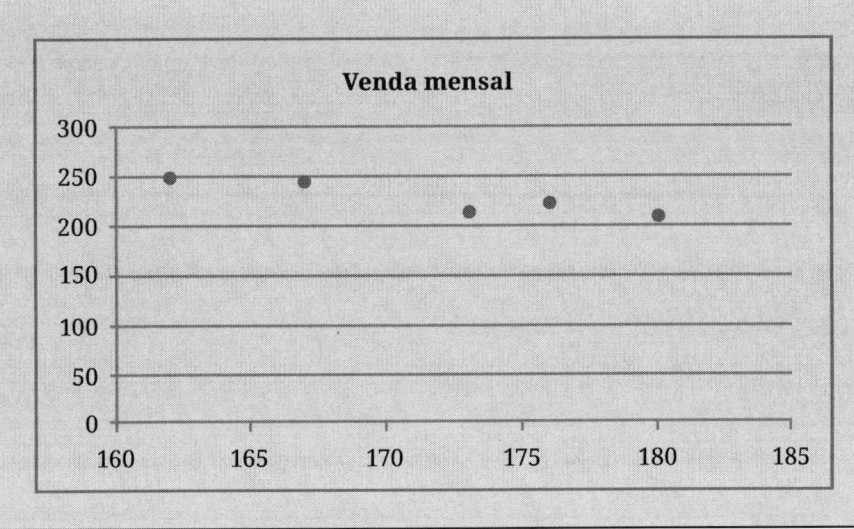

Verificamos que o grau de relacionamento entre duas variáveis pode ser calculado por meio do coeficiente de correlação de Pearson. Na próxima seção, vamos determinar a função que exprime essa relação por meio do estudo da regressão.

10.3
Regressão

O objetivo da regressão está em determinar a função que expressa a relação entre duas ou mais variáveis e tem como resultado uma equação que descreve o relacionamento entre elas. Essas equações podem ser usadas em situações nas quais desejamos estimar e/ou explicar valores de uma variável com base em valores conhecidos de outra, além de fazer previsões de valores futuros de uma variável.

Quando estudamos apenas duas variáveis e a relação entre elas é aproximada por uma linha reta, temos uma **regressão linear simples**; já quando temos mais de duas variáveis, trata-se de uma **regressão múltipla**. Um problema de regressão envolve variáveis dependentes e independentes.

> **O QUE É**
> A variável y é chamada de **variável dependente** ou **variável não controlada**, sendo aleatórios seus valores. Já a variável x é a **variável independente**, que pode ser controlada em um experimento, ou seja, seus valores são exatos. Assim, a resposta de y está relacionada com a variável independente x por meio de uma equação. Dessa forma, temos que a variável que está sendo calculada é chamada de *variável dependente*, enquanto a variável que está sendo usada para o cálculo é chamada de *variável independente*.

Segundo Castanheira (2016), quanto à complexidade das funções ajustantes, a regressão é dita *linear* quando o ajustamento é feito por uma função do primeiro grau, isto é, pela equação de uma reta, e é dita *não linear* quando o ajustamento é feito por uma função de grau superior a um, ou seja, por uma função exponencial, geométrica, parabólica etc.

Para que a regressão possa ser útil, é necessário saber construir um modelo e estimar seus parâmetros com base nos dados relativos às variáveis, bem como interpretar seus resultados.

10.3.1 Regressão linear

Uma regressão é dita *linear* quando o ajustamento dos dados é feito por uma função do primeiro grau, tendo como representação uma reta. O principal objetivo é aproximar por uma linha reta um conjunto de valores, determinando-se a equação de regressão linear simples que melhor se ajuste aos dados. Portanto, precisamos encontrar os coeficientes da equação da reta:

$y = a + bx$

Um dos métodos utilizados para encontrar as estimativas de *a* e *b* é o método dos mínimos quadrados, o qual consiste em tomar como estimativas os valores que minimizam a soma dos quadrados dos desvios, cujos valores são calculados pelas seguintes fórmulas, respectivamente:

$$b = \frac{n\sum x \cdot y - \sum x \cdot \sum y}{n\sum x^2 - \left[\sum x\right]^2}$$

$$a = \left[\frac{\sum y}{n}\right] - b\left[\frac{\sum x}{n}\right]$$

ou $a = \bar{y} - b\bar{x}$

> **Exemplificando**
>
> A Tabela 10.3, a seguir, indica as quantidades produzidas de determinado produto e os respectivos custos totais de produção. Pela análise de regressão, encontre a reta que melhor se ajusta ao conjunto de dados.

Tabela 10.3 – Quantidades produzidas e custos totais de produção

Quantidade produzida	Custo total (R$)
10	150
25	290
50	540
80	840
90	900

Para encontrarmos a reta de regressão, precisamos primeiramente encontrar $x \cdot y$, x^2 e os somatórios. Apresentamos esses cálculos diretamente na tabela.

Para a primeira linha, temos:

$x \cdot y = 10 \cdot 150 = 1\,500$

$x^2 = 10^2 = 100$

Seguindo o mesmo processo para as demais linhas e somando os valores obtidos em cada coluna, temos a Tabela 10.4.

Tabela 10.4 – Cálculo da regressão

Quantidade produzida	Custo total (R$)	$X \cdot Y$	X^2
10	150	1 500	100
25	290	7 250	625
50	540	27 000	2.500
80	840	67 200	6 400
90	900	81 000	8 100
255	2 720	183 950	17 725

Com os dados obtidos e apresentados na tabela anterior, aplicamos as fórmulas para encontrar os coeficientes a e b, nos quais n é igual a 5, que é a quantidade de dados fornecidos:

$$b = \frac{n\sum x \cdot y - \sum x \cdot \sum y}{n \sum x^2 - \left[\sum x\right]^2}$$

$$b = \frac{5 \cdot 183\,950 - 255 \cdot 2\,720}{5 \cdot 17\,725 - \left[255\right]^2}$$

$$b = \frac{919750 - 693600}{88625 - 65025}$$

$$b = \frac{226150}{23600} = 9,5826$$

$$a = \left[\frac{\sum y}{n}\right] - b\left[\frac{\sum x}{n}\right]$$

$$a = \left[\frac{2720}{5}\right] - 9,5826\left[\frac{255}{5}\right]$$

$$a = [544] - 9,5826[51]$$

$$a = 544 - 488,7126 = 55,2874$$

Utilizando os coeficientes *a* e *b*, encontramos a equação da reta de regressão:

y = a + bx

y = 55,2874 + 9,5826 x

O diagrama de dispersão (Gráfico 10.7) demonstra os pontos e a reta de regressão obtida.

Gráfico 10.7 – Reta de regressão das quantidades produzidas e dos custos totais

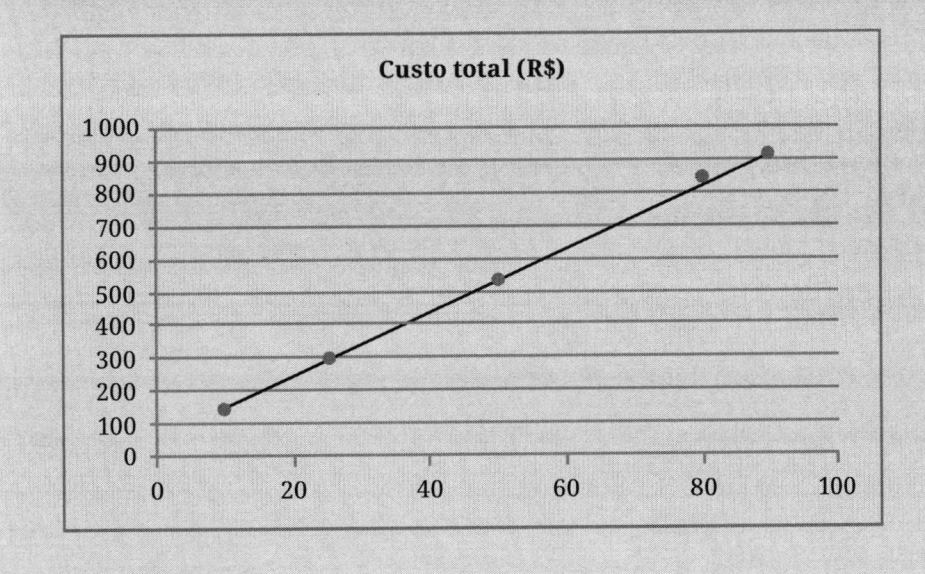

> Podemos utilizar a regressão linear simples para fazer previsões. Considerando-se o exercício resolvido visto anteriormente, qual seria o valor estimado do custo para uma produção de 180 unidades? Para obtermos a resposta, utilizamos a equação encontrada e substituímos o valor de x na equação por 180:
>
> y = 55,2874 + 9,5826 x
>
> y = 55,2874 + 9,5826 · 180
>
> y = 55,1874 + 1724,8680
>
> y = 1780,0554 = 1 780
>
> Assim, para produzir 180 unidades, o custo previsto é de R$ 1 780,00.

10.3.2 Regressão linear múltipla

Determinadas aplicações exigem modelos mais complexos que o utilizado na regressão linear simples. Nas aplicações em que precisamos trabalhar com mais de uma variável independente, utilizamos a regressão linear múltipla. Assim, proporciona-se uma conclusão mais precisa sobre a variável em estudo.

Podemos citar, por exemplo, uma situação em que queremos verificar o consumo de determinado produto levando em consideração a renda dos clientes e o preço do produto. Logo, temos aqui duas variáveis independentes: a renda e o preço.

De acordo com Castanheira (2016), quando uma variável dependente está simultaneamente correlacionada a mais de uma variável independente, a análise deve ser efetuada pela fórmula:

$$y = M_1 \cdot x_1 + M_2 \cdot x_2 + \ldots + M_n \cdot x_n + B$$

Em que:
y = variável dependente
$M_{1,2,\ldots,n}$ = coeficientes de regressão
$x_{1,2,\ldots,n}$ = variáveis independentes
B = múltiplo intercepto

Quando temos duas variáveis, os parâmetros são determinados utilizando-se as fórmulas a seguir:

$$B = \overline{Y} - M_1 \cdot \overline{X}_1 - M_2 \cdot \overline{X}_2$$

$$M_2 = \frac{\dfrac{S_{y2}}{S_{12}} - \dfrac{S_{y1}}{S_{11}}}{\dfrac{S_{22}}{S_{12}} - \dfrac{S_{12}}{S_{11}}}$$

$$M_1 = \frac{S_{y2}}{S_{12}} - \frac{S_{22}}{S_{12}} \cdot M_2$$

Em que:

$$S_{y1} = \sum Y \cdot X_1 - \frac{\sum y \cdot \sum X_1}{n}$$

$$S_{y2} = \sum Y \cdot X_2 - \frac{\sum y \cdot \sum X_2}{n}$$

$$S_{12} = \sum X_1 \cdot X_2 - \frac{\sum X_1 \cdot \sum X_2}{n}$$

$$S_{11} = \sum X_1^2 - \frac{(\sum X_1)^2}{n}$$

$$S_{22} = \sum X_2^2 - \frac{(\sum X_2)^2}{n}$$

Segundo Castanheira (2016), a regressão linear múltipla nos fornece dados mais precisos que a regressão linear simples. No entanto, exige o conhecimento de funções mais complexas e, consequentemente, mais trabalhosas.

Exemplificando

A seguir, a Tabela 10.5 relaciona o consumo de matéria-prima (em toneladas) para a produção de dois produtos A e B, sendo x_1 e x_2 as quantidades produzidas de cada um, respectivamente. Determine a equação de regressão linear múltipla.

Tabela 10.5 – Consumo *versus* quantidade produzida

Consumo	X_1	X_2
3,5	10	8
4	12	9
5,4	15	11
6,1	17	13
7	20	15
7,5	23	16
8	25	18

Para a aplicação da fórmula, precisamos encontrar alguns dados, como indica a Tabela 10.6.

Tabela 10.6 – Cálculo da regressão linear múltipla

Consumo	X_1	X_2	$Y \cdot X_1$	$Y \cdot X_2$	$X_1 \cdot X_2$	X_1^2	X_2^2
3,5	10	8	35	28	80	100	64
4	12	9	48	36	108	144	81
5,4	15	11	81	59,4	165	225	121
6,1	17	13	103,7	79,3	221	289	169
7	20	15	140	105	300	400	225
7,5	23	16	172,5	120	368	529	256
8	25	18	200	144	450	625	324
41,5	122	90	780,2	571,7	1692	2312	1240

Com os dados mostrados anteriormente na tabela, aplicamos as fórmulas, considerando n = 7, que é o número de dados. Logo:

$$S_{y1} = \sum Y \cdot X_1 - \frac{\sum y \cdot \sum X_1}{n}$$

$$S_{y1} = 780,2 - \frac{41,5 \cdot 122}{7}$$

$$S_{y1} = 780,2 - \frac{5063}{7} = 780,2 - 723,285714 = 56,914286$$

$$S_{y2} = \sum Y \cdot X_2 - \frac{\sum y \cdot \sum X_2}{n}$$

$$S_{y2} = 571,7 - \frac{41,5 \cdot 90}{7}$$

$$S_{y2} = 571,7 - \frac{3735}{7} = 571,7 - 533,571429 = 38,128571$$

$$S_{12} = \sum X_1 \cdot X_2 - \frac{\sum X_1 \cdot \sum X_2}{n}$$

$$S_{12} = 1692 - \frac{122 \cdot 90}{7}$$

$$S_{12} = 1692 - \frac{10980}{7} = 1692 - 1568,571429 = 123,428571$$

$$S_{11} = \sum X_1^2 - \frac{\left(\sum X_1\right)^2}{n}$$

$$S_{11} = 2312 - \frac{(122)^2}{7}$$

$$S_{11} = 2312 - \frac{14884}{7} = 2312 - 2126,285714 = 185,714286$$

$$S_{22} = \sum X_2^2 - \frac{\left(\sum X_2\right)^2}{n}$$

$$S_{22} = 1240 - \frac{(90)^2}{7}$$

$$S_{22} = 1240 - \frac{8100}{7} = 1240 - 1157,142857 = 82,857143$$

$$M_2 = \frac{\dfrac{S_{y2}}{S_{12}} - \dfrac{S_{y1}}{S_{11}}}{\dfrac{S_{22}}{S_{12}} - \dfrac{S_{12}}{S_{11}}}$$

$$M_2 = \frac{\dfrac{38,128571}{123,428571} - \dfrac{56,914286}{185,714286}}{\dfrac{82,857143}{123,428571} - \dfrac{123,428571}{185,714286}}$$

$$M_2 = \frac{0,308912 - 0,306462}{0,671296 - 0,664615}$$

$$M_2 = \frac{0,002450}{0,006681} = 0,366712$$

$$M_1 = \frac{S_{y2}}{S_{12}} - \frac{S_{22}}{S_{12}} \cdot M_2$$

$$M_1 = \frac{38{,}128571}{123{,}428571} - \frac{82{,}857143}{123{,}428571} \cdot 0{,}366712$$

$$M_1 = 0{,}308912 - 0{,}671296 \cdot 0{,}366712$$

$$M_1 = 0{,}308912 - 0{,}246172 = 0{,}06274$$

$$B = \overline{Y} - M_1 \cdot \overline{X}_1 - M_2 \cdot \overline{X}_2$$

$$B = \frac{41{,}5}{7} - 0{,}06274 \cdot \frac{122}{7} - 0{,}366712 \cdot \frac{90}{7}$$

$$B = 5{,}928571429 - 0{,}06274 \cdot 17{,}42857143 - 0{,}366712 \cdot 12{,}85714286$$

$$B = 5{,}928571429 - 1{,}093468572 - 4{,}714868572 = 0{,}120234285$$

A equação procurada é:

$$y = M_1 \cdot x_1 + M_2 \cdot x_2 + B$$

$$y = 0{,}06274 \cdot x_1 + 0{,}366712 \cdot x_2 + 0{,}120234285$$

Nesta seção, depois de calcularmos a correlação entre variáveis, determinamos a equação da reta que melhor modela os dados por meio da reta de regressão. Na regressão linear simples, o foco se concentra em um modelo no qual uma variável independente é utilizada para prever o valor de uma variável y dependente. Quando há mais de uma variável independente, consideramos o modelo de regressão múltipla.

-Síntese

Neste capítulo, vimos que, em situações do dia a dia, podemos estar interessados em conhecer como uma variável impacta o comportamento de outra. Nesse caso, devemos considerar a correlação, que está ligada ao grau de relação existente entre duas ou mais variáveis. A força dessa relação pode ser calculada pelo coeficiente de correlação linear de Pearson, que indica se há uma relação positiva, negativa ou nula. A relação existente entre variáveis orienta análises e ajuda na tomada de decisões em várias situações do cotidiano.

Outra análise que podemos realizar é a análise de regressão, que tem como objetivo determinar o modelo que expressa a relação entre as variáveis, havendo uma equação que descreve esse relacionamento. Quando o problema envolve apenas duas variáveis, temos uma regressão simples; quando há mais de duas, trabalhamos com uma regressão múltipla.

–Questões para revisão

1. O coeficiente de correlação de Pearson serve para avaliar o grau de relacionamento existente entre duas variáveis. Um estudo foi realizado para avaliar o grau de relacionamento entre o tempo de estudo e a nota obtida pelos alunos e chegou-se a um coeficiente igual a 0,9960. Avaliando-se o coeficiente obtido, é correto afirmar:
   a) A correlação é negativa e forte entre o tempo de estudo e a nota obtida pelos alunos.
   b) Não há relação entre o tempo de estudo e a nota obtida pelos alunos.
   c) A correlação é positiva e forte entre o tempo de estudo e a nota obtida pelos alunos.
   d) A correlação é negativa e fraca entre o tempo de estudo e a nota obtida pelos alunos.
   e) A correlação é positiva e fraca entre o tempo de estudo e a nota obtida pelos alunos.

2. O coeficiente de correlação de Pearson serve para avaliar o grau de relacionamento existente entre duas variáveis, ou seja, medir o grau de ajustamento dos valores. Uma pesquisa realizada com duas variáveis apresentou um coeficiente igual a –0,97. Avaliando-se o coeficiente obtido, é correto afirmar:
   a) Não há relação entre as variáveis.
   b) A correlação é positiva e fraca entre as variáveis.
   c) A correlação é negativa e fraca entre as variáveis.
   d) A correlação é positiva e forte entre as variáveis.
   e) A correlação é negativa e forte entre as variáveis.

3. Uma pesquisa foi realizada para avaliar a relação entre a idade de um imóvel e seu preço de venda. Assim, foi considerada uma amostra de residências selecionadas aleatoriamente, obtendo-se a tabela mostrada a seguir. Encontre a equação da regressão que ajuste as variáveis a uma função linear.

X	Y
1	10
2	30
3	40
4	50
5	65
6	70

4. Um pesquisador pretende estudar a poluição de um rio e, assim, mediu a concentração de determinado composto orgânico (Y) e a precipitação pluviométrica durante uma semana (X), obtendo os resultados apresentados na tabela a seguir.

X	Y
0,91	0,10
1,33	1,10
4,19	3,40
2,68	2,10
1,86	2,60
1,17	1,00

a) Determine a equação de regressão linear.
b) Calcule o coeficiente de correlação linear de Pearson.

5. Para estimar os custos associados a determinada operação, foram coletados os seguintes dados do volume de produção e do custo total, apresentados na tabela a seguir. Qual é a equação de regressão que pode ser usada para prever o custo total para um dado volume de produção?

Custo total (x R$ 1.000)	Volume de produção (x 1.000 unidades)
120	15
150	17
161,4	20
169	26
192,3	30
210	33

a) y = 0,2535x – 14,353.
b) y = 0,2205x – 13,353.
c) y = 0,2005x – 15,353.
d) y = 0,3205x – 13,353.
e) y = 0,3520x – 12,353.

–Questões para reflexão

1. Uma empresa pretende avaliar a correlação entre os gastos com propaganda e o volume de vendas. Considerando os dados a seguir, calcule o coeficiente de correlação de Pearson, apresente a equação de regressão linear e interprete o resultado encontrado.

Gastos propaganda (x R$ 1.000)	Vendas (x R$ 1.000)
2,4	225
1,6	184
2,0	220
2,6	240
1,4	180
1,6	184
2,0	186
2,2	215

2. Considerando a tabela a seguir, que relaciona o salário, o grau de instrução e o nível de supervisão de 10 funcionários, encontre a reta de regressão linear múltipla.

Funcionário	Salário (x 100)	Grau de instrução	Nível de supervisão
1	42	4	4
2	28	4	3
3	9	3	1
4	10	3	1
5	18	3	3
6	8	1	0
7	15	4	2
8	18	4	2
9	50	5	4
10	12	2	0

Para saber mais

Para se aprofundar nos assuntos tratados neste capítulo, consulte os materiais indicados a seguir.

CASTANHEIRA, N. P. **Métodos quantitativos**. Curitiba: Ibpex, 2011.

OLIVEIRA FILHO, M. L. de. A utilização da regressão linear como ferramenta estratégica para a projeção dos custos de produção. In: CONGRESSO BRASILEIRO DE CUSTOS, 9., 2002, São Paulo. **Anais**... São Leopoldo: ABC, 2002. Disponível em: <https://anaiscbc.emnuvens.com.br/anais/article/viewFile/2762/2762>. Acesso em: 30 out. 2021.

PETENATE, M. **Por que é importante entender correlação entre variáveis**. 8 set. 2016. Disponível em: <https://www.escolaedti.com.br/entender-correlacao-entre-variaveis>. Acesso em: 30 out. 2021.

SILVA FILHO, A. S. da.; SOUZA, A. C. de. O uso da regressão linear na logística reversa no Brasil. Revista de Ciências Gerenciais, Londrina, v. 17, n. 25, p. 255-264, 2013. Disponível em: <https://revista.pgsskroton.com/index.php/rcger/article/view/1673>. Acesso em: 30 out. 2021.

considerações finais

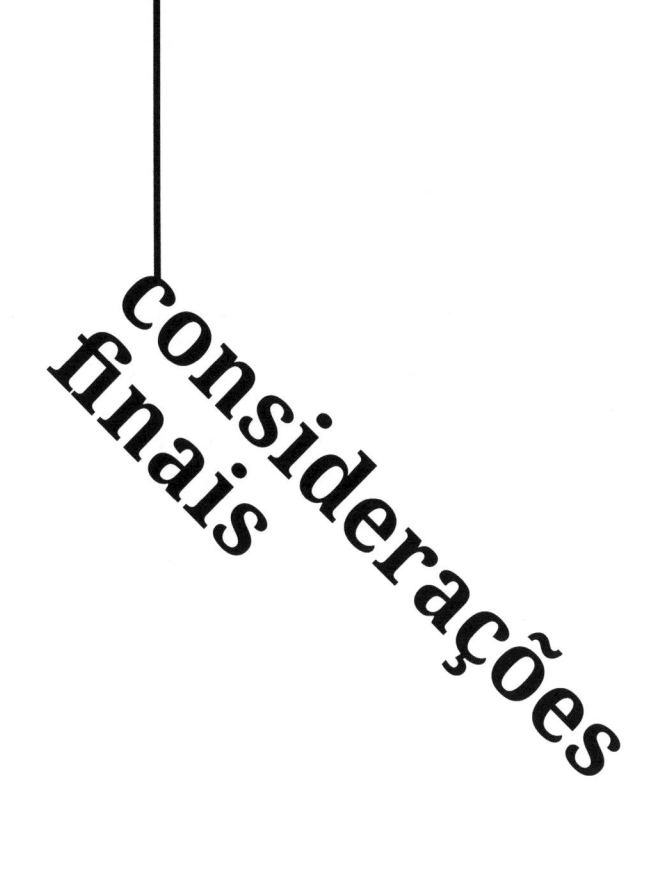

A estatística está se tornando cada vez mais necessária dentro das organizações, em áreas de pesquisa e também em nosso cotidiano. Dessa forma, entender melhor os conceitos e as aplicações desse campo de conhecimento é essencial para seu desenvolvimento e aprimoramento profissional.

Muito do que falamos e fazemos envolve estatística. Quando você aprende os conceitos dessa área, consegue então entender o significado mais profundo das coisas em geral, que podem ser explicadas por meio de números. Assim, é possível encontrar uma solução para melhorar a forma como vivemos, a maneira como consumimos, a produtividade nas organizações, entre inúmeros outros benefícios.

Neste livro, abordamos as medidas de posição, que descrevem a tendência central de um conjunto de dados, e as medidas de dispersão, que são utilizadas para informar o grau de variação ou dispersão dos dados observados. Desse modo, as medidas de dispersão servem para avaliar o quanto os dados são semelhantes e para indicar o grau de representatividade da média.

Outro importantetema enfocado foi a probabilidade, que utilizamos em nosso cotidiano nas tomadas de decisão sempre que precisamos analisar a chance de determinado evento acontecer. No estudo das probabilidades, vimos a distribuição de probabilidade, modelo que relaciona um certo valor da variável com sua probabilidade de ocorrência, podendo ser discreta ou contínua.

Além da estatística descritiva, tratamos da inferência estatística, a qual consiste em um conjunto de técnicas que estuda uma população por meio de evidências calculadas em uma amostra. Entre as técnicas da inferência estatística, destacamos o intervalo de confiança e o teste de hipótese.

Para finalizar nosso estudo, vimos que existem situações nas quais há interesse em estudar o comportamento conjunto de duas ou mais variáveis, por isso examinamos os principais conceitos relacionados à correlação e à regressão, técnicas que visam estimar a relação que possa existir entre duas variáveis.

referências

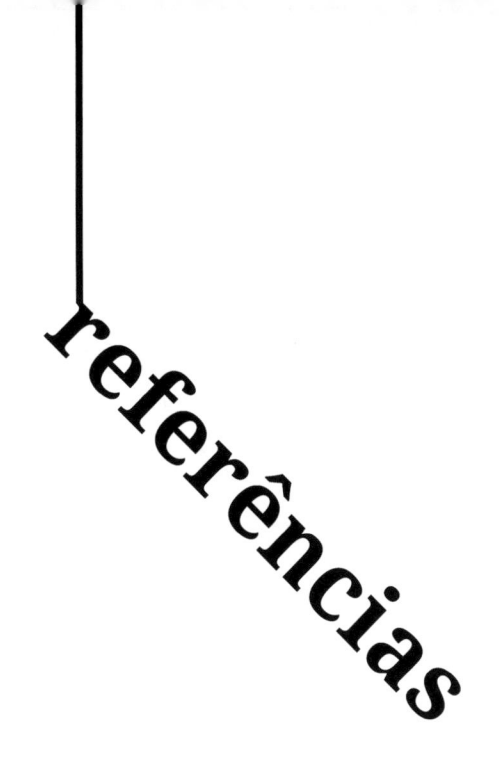

CASTANHEIRA, N. P. **Cálculo aplicado à gestão e aos negócios**. Curitiba: InterSaberes, 2016.

CASTANHEIRA, N. P. **Estatística aplicada a todos os níveis**. Curitiba: InterSaberes, 2010.

IBGE educa. **Principais tipos de gráficos para a educação básica**. Disponível em: <https://educa.ibge.gov.br/professores/educa-recursos/20773-tipos-de-graficos-no-ensino.html>. Acesso em: 3 dez. 2021.

LARSON, R.; FARBER, B. **Estatística aplicada**. 6. ed. São Paulo: Pearson, 2015.

MARTINS, G. de A. **Estatística geral e aplicada**. 3. ed. São Paulo: Atlas, 2010.

MORETTIN, L. G. **Estatística básica**: probabilidade e inferência. São Paulo: Pearson, 2010. OLIVEIRA, F. E. M. **Estatística e probabilidade**. 2. ed. São Paulo: Atlas, 1999.

PEREIRA, A. T. **Métodos quantitativos aplicados à contabilidade**. Curitiba: InterSaberes, 2014.

PRATES, W. O. **Estatísticas para Ciências Sociais Aplicadas I**. Salvador: UFBA; Faculdade de Ciências Contábeis; Superintendência de Educação a Distância, 2017. Disponível em: <https://repositorio.ufba.br/ri/bitstream/ri/24557/1/eBook_Estatisticas_para_Ciencias_Sociais_Aplicadas_I-Ciencias_Contabeis_UFBA.pdf>. Acesso em: 3 dez. 2021.

WALPOLE, R. E. et al. **Probabilidade e estatística para engenharia e ciências**. São Paulo: Pearson, 2009.

Capítulo 1

Questões para revisão

1. c
2. d
3. c
4. c
5.
   a) 17
   b) 16
   c) 17

Notas	Alunos	f_a	f_r
3	1	1	5%
4	2	3	10%
5	1	4	5%
6	3	7	15%
7	5	12	25%
8	4	16	20%
9	4	20	20%
Total	20		100%

6.

Notas	f	P_m	f_a	f_r
13 |-- 16	3	14,5	3	15%
16 |-- 19	4	17,5	7	20%
19 |-- 22	3	20,5	10	15%
22 |-- 25	3	23,5	13	15%
25 |-- 28	4	26,5	17	20%
28 |-- 31	3	29,5	20	15%
Total	20			

Questões para reflexão

1. Séries temporais, históricas ou cronológicas: os dados são apresentados ao longo do tempo. Exemplos: produção diária/mensal; faturamento dia/mês/ano; consumo de energia diária/mensal/anual; produtos com defeitos produzidos por semana/mês.

   Séries geográficas, espaciais, territoriais ou de localização: consideramos uma ou mais regiões. Exemplos: vendas por região; consumo por região.

   Séries categóricas ou específicas: têm como característica a variação do fato. Exemplos: consumo por máquina/equipamento; produção por produto; manutenção por tipo de equipamento.

   Séries mistas, conjugadas ou tabelas de dupla entrada: trata-se da combinação entre as séries temporais, geográficas e específicas. Exemplos: consumo por máquina/equipamento por dia/semana/mês; produção por produto por dia/semana/mês; manutenção por tipo de equipamento por mês/ano.

   Tabelas de distribuição de frequência: indicam a frequência de ocorrência de cada resultado obtido em uma pesquisa.

2. Linhas: representa observações feitas ao longo do tempo e utilizadas nas séries históricas ou temporais. Exemplos: produção; consumo; investimentos; vendas por período de tempo.

Setores: é mais utilizado para séries específicas ou geográficas com pequeno número de termos e quando se quer salientar a proporção de cada termo em relação ao todo. Exemplos: vendas; produção; investimento; consumo por região ou produto.

Capítulo 2

Questões para revisão

1. d
2. d
3. b
4. 1
5. 18
6. 10
7. a) RS = 146,38; SC = 97,55; PR = 120,98.
   b) RS.
   c) SC.
8.
   a) $\dfrac{N}{4} \cdot i = \dfrac{200}{4} \cdot 3 = 150$

   $Q_3 = 150 + \dfrac{(150-140)}{30} \cdot 20$

   $Q_3 = 150 + \dfrac{(10)}{30} \cdot 20$

   $Q_3 = 150 + 6,67 = 156,67$

   b) $\dfrac{N}{100} \cdot i = \dfrac{200}{100} \cdot 10 = 20$

   $P_{10} = 90 + \dfrac{(20-10)}{20} \cdot 20$

   $P_{10} = 90 + \dfrac{(10)}{20} \cdot 20$

   $P_{10} = 90 + 10 = 100$

Questões para reflexão

1.
$$\overline{X} = \frac{\sum X}{N}$$
$$\overline{X} = \frac{19,0 + 19,4 + 19,2 + 18,9 + 19,5 + 19,1 + 19,0 + 18,8 + 18,9 + 19,4}{10}$$
$$\overline{X} = \frac{191,2}{10} = 19,12$$

2.

a) $\overline{X} = \dfrac{\sum (X \cdot f)}{N}$

Tempo (min)	f	x · f
1	14	14
2	12	24
3	10	30
4	8	32
5	6	30
Total	50	130

$$\overline{X} = \frac{130}{50} = 2,6$$

b)

Tempo (min)	f	fa
1	14	14
2	12	26
3	10	36
4	8	44
5	6	50
Total	50	

$$\frac{N}{2} = \frac{50}{2} = 25$$
$$\frac{2+2}{2} = \frac{4}{2} = 2$$

c) Mo = 1

Capítulo 3

Questões para revisão

1. c.
2. a) 0,7; b) 0,0596; c) 0,2441.
3. 2,08087
4. 6,8
5. e
6. c

   A = 178 − 148 = 30

Questões para reflexão

1.
   A = 88 − 68 = 20

   $\bar{X} = \dfrac{3648}{48} = 76$

   $Dm = \dfrac{184}{48} = 3,83$

Consumo (kw/h)	Máquinas	$x \cdot f$	$|x - \text{média}|$	$|x - \text{média}| \cdot f$
68	7	476	8	56
72	9	648	4	36
76	14	1.064	0	0
80	14	1.120	4	56
84	3	252	8	24
88	1	88	12	12
Total	48	3.648		184

2.
Consumo (kw/h)	Máquinas	$x \cdot f$	$(x - \text{média})^2$	$(x - \text{média})^2 \cdot f$
68	7	476	64	448
72	9	648	16	144
76	14	1.064	0	0
80	14	1.120	16	224
84	3	252	64	192
88	1	88	144	144
Total	48	3.648		1.152

$$\bar{X} = \frac{3648}{48} = 76$$

$$S^2 = \frac{1152}{48} = 24$$

$$S = \sqrt{24} = 4{,}8990$$

Temos um consumo médio de 76 kw/h, com um desvio padrão em torno da média de 4,8990 kw/h, ou seja, existe uma variação de consumo dessas máquinas em torno da média de 4,8990 kw/h.

Capítulo 4

Questões para revisão

1. −0,2074
2. −0,41
3. 0,24, leptocúrtica.
4. c
5. d

$$A_s = \frac{66{,}88 - 41{,}43}{31{,}96} = 0{,}796$$

6. b

$$A_s = \frac{3(88 - 82)}{40} = 0{,}45$$

Questões para reflexão

1. $A_s = \dfrac{1{,}57 - 1{,}51}{0{,}07} = 0{,}86$

   Distribuição assimétrica positiva

2. $K = \dfrac{1{,}63 - 1{,}51}{2(1{,}67 - 1{,}48)} = 0{,}32$

   Distribuição platicúrtica

Capítulo 5

Questões para revisão

1. d
2. b

3.
   a) 42,86%.
   b) 57,14%.
   c) 71,43%.
4. 66,67%
5. 0,9
6. 41,67%
7. 39,39%
8. 75%
9. d

Questões para reflexão

1.
   a) $\dfrac{14}{20} \cdot \dfrac{6}{19} = \dfrac{84}{380} = 22{,}11\%$

   b) $\dfrac{14}{20} \cdot \dfrac{13}{19} = \dfrac{182}{380} = 47{,}89\%$

   c) $\dfrac{6}{20} \cdot \dfrac{5}{19} = \dfrac{30}{380} = 7{,}89\%$

2.
   a) $P(A) = \dfrac{53601}{101850}$ $P(A) = 0{,}5263 = 52{,}63\%$

   b) $P(A) = \dfrac{85881}{101850}$ $P(A) = 0{,}8432 = 84{,}32\%$

   c) $P(A) = \dfrac{48249}{101850} = 0{,}4737$ $P(A \cup B) = 0{,}4737 + 0{,}8432 - 0{,}3886$

      $P(B) = \dfrac{85881}{101850} = 0{,}8432$ $P(A \cup B) = 0{,}9283 = 92{,}83\%$

      $P(A \cap B) = \dfrac{39577}{101850} = 0{,}3886$

Capítulo 6

Questões para revisão

1. c
2. b
3. 15,36%
4. 32,4135%
5. 26,68%
6. 8,928%

7.
   e)
   $$P(x) = \frac{\lambda^X e^{-\lambda}}{X!}$$
   $$P(x) = \frac{8^3 e^{-8}}{3!} = \frac{512 \cdot 0,00034}{6}$$
   $$P(x) = \frac{0,17408}{6} = 0,02901 = 2,901\%$$

Questões para reflexão

1.
   0,9841
   P(X < 4) = P(X = 0) + P(X = 1) + P(X = 2) + P(X = 3)
   P(X < 4) = 0,35849 + 0,37735 + 0,18868 + 0,05958 = 0,9841

2.
   3 / 60 minutos = 0,05
   0,05 × 20 = 1
   $$P(x) = \frac{1^3 e^{-1}}{3!} = 0,06131 = 6,131\%$$

Capítulo 7

Questões para revisão

1. c
2. c
3. e
4. 51,11%
5. 11,12%
6. 68,26%

Questões para reflexão

1.
   a) $z = \dfrac{37 - 40}{2} = -1,5$
   0,5 − 0,4332 = 0,0668 = 6,68%

   b) $z = \dfrac{44 - 40}{2} = 2$
   0,5 − 0,4772 = 2,28%

c) $z = \dfrac{38-40}{2} = -1$

$0{,}5 - 0{,}3413 = 0{,}1587$

$z = \dfrac{42-40}{2} = 1$

$0{,}5 - 0{,}3413 = 0{,}1587$

$0{,}1587 + 0{,}1587 = 0{,}3174 = 31{,}74\%$

2.

$z = \dfrac{185-200}{5} = -3$

$z = \dfrac{213-200}{5} = 2{,}6$

$0{,}4987 + 0{,}4953 = 0{,}9940$

$0{,}9940 \cdot 2000 = 1988$

Capítulo 8

Questões para revisão

1. $1779{,}9875 \leq \mu \leq 1900{,}0125$
2. $75{,}6869 \leq \mu \leq 79{,}5131$
3. $24{,}45 \leq \mu \leq 25{,}55$
4. $61{,}47 \equiv 61$
5. $0{,}0296 \leq p \leq 0{,}2204$
6. a

    $c = 2\dfrac{1}{\sqrt{100}} = 0{,}2$

    $50 - 0{,}2 < \mu < 50 + 0{,}2$

    $49{,}8 < \mu < 50{,}2$
7. d

    $c = 2{,}57\dfrac{1{,}2}{\sqrt{25}} = 0{,}6168$

    $4{,}58 < \mu < 5{,}82$
8. b

    Nível de confiança = 100% − 2% = 98%

    $0{,}25 \pm 2{,}33\sqrt{\dfrac{0{,}25 \cdot 0{,}75}{400}}$

    $0{,}25 \pm 0{,}0504$

Questões para reflexão

1.
$$0,6 \pm 1,65\sqrt{\frac{0,6 \cdot 0,4}{300}}$$
$0,6 \pm 0,0467$
[0,55 ; 0,65]

2.
$$0,6 \pm 1,96\sqrt{\frac{0,6 \cdot 0,4}{300}}$$
$0,6 \pm 0,05544$
[0,54 ; 0,66]

Capítulo 9

Questões para revisão

1. d
2. c
3. 5,333; rejeita-se H_0.
4. 2,84; rejeita-se H_0. Assim, a média é diferente de 16 com risco de 5%.
5. d
$$Z_r = \frac{88-85}{\frac{20}{\sqrt{100}}} = 1,5$$
0,5 − 0,05 = 0,45 − Tabela = 1,65
Como 1,5 < 1,65, a H_0 é aceita.

Questões para reflexão

1.
$H_0 = 10$
$H_1 > 10$
0,5 − 0,05 = 0,45 − Tabela = 1,65
$$Z_r = \frac{10,4-10}{\frac{0,5}{\sqrt{50}}}$$
Zr = 5,66

Como 5,66 é maior que 1,65, rejeitar-se H_0. Logo, há evidência de que a resistência média seja superior a 10 Kg, como alegado pelo fabricante.

2.
$$Z_r = \frac{11,4-11}{\frac{0,8}{\sqrt{35}}} = 2,958$$

Rejeita-se H_0.

Capítulo 10

Questões para revisão

1. c
2. e
3. Y = 11,857x + 2,66667
4.
   a) y = 0,8675x − 0,0386
   b) 0,887119
5. b

Custo total (x R$ 1.000)	Volume de produção (x 1.000 unidades)	$X \cdot Y$	X^2
120,00	15,00	1.800,00	14.400,00
150,00	17,00	2.550,00	22.500,00
161,40	20,00	3.228,00	26.049,96
169,00	26,00	4.394,00	28.561,00
192,30	30,00	5.769,00	36.979,29
210,00	33,00	6.930,00	44.100,00
1.002,70	**141,00**	**24.671,00**	**172.590,25**

$$b = \frac{n\sum x \cdot y - \sum x \cdot \sum y}{n\sum x^2 - \left[\sum x\right]^2}$$

$$b = \frac{6 \cdot 24671 - 1002,70 \cdot 141}{6 \cdot 172590,25 - (1002,70)^2} = 0,220523$$

$$a = \left[\frac{\sum y}{n}\right] - b\left[\frac{\sum x}{n}\right]$$

$$a = \left[\frac{141}{6}\right] - 0{,}220523\left[\frac{1002{,}70}{6}\right] = -13{,}353$$

y = 0,2205x − 13,353

Questões para reflexão

1.

Gastos propaganda (x R$ 1.000)	Vendas (x R$ 1.000)	$x \cdot y$	x^2	y^2
2,4	225	540,0	5,760	50 625,00
1,6	184	294,4	2,560	33 856,00
2,0	220	440,0	4,000	48 400,00
2,6	240	624,0	6,760	57 600,00
1,4	180	252,0	1,960	32 400,00
1,6	184	294,4	2,560	33 856,00
2,0	186	372,0	4,000	34 596,00
2,2	215	473,0	4,840	46 225,00
15,80	1 634,00	3 289,80	32,44	337 558,00

$$r = \frac{\left[n \cdot \sum(x_i \cdot y_i)\right] - \left[\left(\sum x_i\right) \cdot \left(\sum y_i\right)\right]}{\sqrt{\left[n \cdot \sum x_i^2 - \left(\sum x_i\right)^2\right] \cdot \left[n \cdot \sum y_i^2 - \left(\sum y_i\right)^2\right]}}$$

$$r = \frac{[8 \cdot 3289{,}80] - [15{,}80 \cdot 1634]}{\sqrt{\left[8 \cdot 32{,}44 - (15{,}80)^2\right] \cdot \left[8 \cdot 337558 - (1634)^2\right]}}$$

r = 0,9129

Existe forte correlação linear positiva, ou seja, aumentando a quantia gasta em propaganda, crescem também as vendas.
y = 50,729x + 104,062

2.

Funcio-nário	Salário (x 100) Y	Grau de instrução X_1	Nível de supervisão X_2	$Y \cdot X^1$	$Y \cdot X^2$	$X^1 \cdot X^2$	X_1^2	X_2^2
1	42	4	4	168	168	16	16	16
2	28	4	3	112	84	12	16	9
3	9	3	1	27	9	3	9	1
4	10	3	1	30	10	3	9	1
5	18	3	3	54	54	9	9	9
6	8	1	0	8	0	0	1	0
7	15	4	2	60	30	8	16	4
8	18	4	2	72	36	8	16	4
9	50	5	4	250	200	20	25	16
10	12	2	0	24	0	0	4	0
	210	33	20	805	591	79	121	60

$$M_2 = \dfrac{\dfrac{171}{13} - \dfrac{112}{12,1}}{\dfrac{20}{13} - \dfrac{13}{12,1}} = 8{,}398619$$

$$M_1 = \dfrac{171}{13} - \dfrac{20}{13} 8{,}398619 = 0{,}232890$$

B = 21 − 0,232890 · 3,3 − 8,398619 · 2
B = 3,434226
y = 0,232890 · x_1 + 8,398619 · x_2 + 3,434226

sobre a autora

Aline Purcote Quinsler

É mestre em Engenharia de Produção e Sistemas pela Pontifícia Universidade Católica do Paraná – PUCPR (2009), MBA em Negócios Digitais pela Universidade Positivo – UP (2019), bacharel em Processos Gerenciais pela UP (2015) e bacharel em Matemática Industrial pela Universidade Federal do Paraná – UFPR (2007). É professora em cursos de graduação presencial, semipresencial e a distância do Grupo Uninter e tutora do curso de Administração da mesma instituição, além de atuar em cursos de pós-graduação presencial e a distância de outras instituições de ensino localizadas em Curitiba.

Ao longo de sua carreira, exerceu diversas atividades na área acadêmica, além de atuar na área empresarial como estagiária, assistente, analista, supervisora e coordenadora em Melhoria de Processos, Projetos e PPCP (Planejamento, Programação e Controle de Produção).

Impressão:
Fevereiro/2022